情理合一

中国人的生存智慧

刘悦笛 著

广西人民出版社

图书在版编目（CIP）数据

情理合一：中国人的生存智慧 / 刘悦笛著 . — 南宁：广西人民出版社，2021.7
ISBN 978-7-219-11191-8

Ⅰ. ①情…　Ⅱ. ①刘…　Ⅲ. ①人生哲学—研究—中国　Ⅳ. ① B821

中国版本图书馆 CIP 数据核字（2021）第 082608 号

QINGLI HEYI——ZHONGGUOREN DE SHENGCUN ZHIHUI
情理合一——中国人的生存智慧
刘悦笛　著

策　　划　温六零
责任编辑　李亚伟　唐柳娜
责任校对　刘　艳
装帧设计　陈　欢
责任排版　梁敏芳

出版发行　广西人民出版社
社　　址　广西南宁市桂春路 6 号
邮　　编　530021
印　　刷　广西民族印刷包装集团有限公司
开　　本　889mm × 1230mm　1 / 32
印　　张　7.25
字　　数　155 千字
版　　次　2021 年 7 月　第 1 版
印　　次　2021 年 7 月　第 1 次印刷
书　　号　ISBN 978-7-219-11191-8
定　　价　32.00 元

前言

以中国智慧应对全球疫情

2020年伊始，世界因为一种病毒而改变！整个世界都深受影响！

这就是席卷全球的新型冠状病毒（简称新冠病毒），大概地球上绝大多数的人们都对其耳熟能详了。此病毒英文名为SARS-CoV-2，这个名称人们知之甚少，但是因感染该病毒所引起的疾病终被定名为COVID-19，那就几乎无人不晓了。其中的19，代表的是这个病毒发源于2019年，而不是病毒的第19代变种。但是该病毒真正改变全球却是从2020年开始。

从科学的角度看，所谓冠状病毒就是一种ssRNA（即单链RNA）病毒，也就是一种带包膜的正链病毒，其基因组约由3万个碱基对组成，它可谓一种最大的RNA病毒。人类由此面临着一次有史以来的巨大挑战，起码是新世纪以来全人类最大的挑战。

从新冠病毒的科学图示上看，这个病毒表面覆盖着许多刺状蛋白，其能量决定因素就在看似美丽的刺状蛋白上面，因为它们就是与人体细胞受体结合的部分，能引起普通上呼吸道感染，不仅仅会感染动物，还有我们这些自诩为“万物之灵长”的人类。

在疫情传播之初，在接受疫情访谈当中，就曾有位采访者问我：“冠状病毒的形状其实很美，本性却很残酷，您是怎么看待疫情下人的生活和未来的？我们从中可以获得哪些生存智慧，或者说哪些需要加强教育和改进的地方？”

我当时的回答是：“的的确确，看似美与残酷并在。但究竟什么是美？真正的美，并不是‘看上去挺美’，而是与善合一的，这才符合中国儒家‘善美合一’的中和原则。”

这让我想起了马尔克斯的小说《霍乱时期的爱情》，尽管作为天灾的霍乱与作为人祸的战争，持续威胁着拉美民众的生命与生存，由此加剧了人的社会孤独感，加剧了人与自然、人与人之间的对立，然而，人类情感的向度却被极大且丰富地展露了出来。《霍乱时期的爱情》被认为是通过半个世纪的人物命运的叙事，展示出几乎所有可能的爱情方式。

在非常时期，感性的力量也会变得异常脆弱，疫情在中国传播之初，亦有“风月同天”与“武汉加油”之争论，前者被一些人认为太文艺了（在日本赠送给中国的抗疫物品包装上贴有“风月同天”的汉字），后者被一些人认为太实在了（“武汉加油”成为中国抗疫期间被喊得最响亮的口号），但除了这些一时的争论，新的病毒可以带给我们更为深入的思考。

战胜疫情，当然要靠科学，但不仅仅靠科学。如果说这场对抗疫情的战争在初期已失去了“天时”与“地利”，那就更需要“人和”与“精神”。面对疫情，人人有责，那些承担风险的医护者与志愿者值得尊重，但面对疫情，更需要每个个体的承担意识，这关乎“责任伦理”之践行。那么，我们如何成为对这个世界负责任的、作为群体中的人?

所以，我要倡导“大启蒙”(The Great Enlightenment)！这种“大启蒙”其实就是“情理启蒙”，让理性与感性得以平衡与交融的“大启蒙”，这是我近年来始终倡导的一种思想观念。对于中国而言，20世纪的1919年，最大的历史转折点，就是五四运动爆发，中国逐渐向现代国家转轨。百年之后的2019年，新冠肺炎疫情暴发，这应该是2019年起始、2020年暴发的最重大的全球事件了。我以为，这看似无关的两个历史事件，相互联纵起来，倒可提供出一个“历史契机”。

理由在于，五四运动百年之后，中国社会的状况仍是启蒙不够：不仅“赛先生”的科学精神未全民普及，“德先生”的民主精神也需继续传扬。这就意味着，中国还需要继续启蒙，启蒙所要实现的任务，在中国尚未完成，起码要让科学与民主成为一种中国人适宜的生活方式，这才是“大启蒙”得以实现的根基。然而，我们这个时代的启蒙，既不同于公元前6世纪前后“轴心时代”人类精神突破的第一次启蒙，也不同于18世纪以来由欧洲发源的第二次启蒙，而是理性与情感得以融合的第三次启蒙。

这次疫情也是如此，科学与民主精神贯彻不够，“大启蒙”需要继续。疫情最初的控制，没有得到更为科学化的指导；疫情在开始阶段被隐瞒，又可见缺乏“公之于众”的民主意识。好在很快采取了管控措施，中国的疫情被逐步地控制起来，武汉采取的全城隔离方式真有“壮士断腕”般的勇气，但此时外媒又开始批判中国不尊重人权：按照西方那种“个人主义”的立场，将个体隔离起来乃是伤害人权的，而从“功利主义”争取最大多数人的最大幸福的角度来看，这又是具有现实合理性的，那究竟该何去何从呢?

实际上，从中国思想的角度来看，个体与共同体之间乃是不可分割的相互依赖关系，绝对的“唯吾独尊”的不顾全局的确要反对，反之，牺牲个体的绝对的“集体主义”同样大有缺憾。这就为在非常历史时期应对疫情提供了某种“协同”的中国经验——既要人人合作，也要协和万邦，此乃“中道”也!

科学问题更是如此，要全球协作，就像全球联合起来应对疫情一样。科学本没有国界，各国科学家通力合作来应对新的病毒，中国方面也提供给国外科学家病毒样本，以应对人类的共同灾难，而且，中医的智慧也定会参与其中。在这个意义上，人类都坐在同一条船上，但毕竟与大洪水时期那种人类分别应对的局面不同，诺亚方舟如今也已成为一艘全球客轮。科学规律要遵循，但是科学也不能被“崇信”——五四时期科学竟也成为被崇拜的迷信。当民族本位派用各种传统“玄学理论”来解读疫情，那就更显露出“科学启蒙”的未竟，正如本土的“民主启蒙”之未完成一样，任重而道远也。

依我个人之见，新的疫情，倒可让坏事向好的方面转化，因为它可以让中国人走向一种“大启蒙”，进而为全球的启蒙开辟新途。这是由于，来自西方的启蒙现代性所带来的“理性主义”“个人主义”与“功利主义”的偏失，需要以“情理合一”的本土原则来加以积极应对。当今西方主流却对启蒙采取了诀别态度，未能意识到启蒙不能被抛弃，需要的是拓展启蒙，而不应把孩子与洗澡水一起倒掉。

从全球疫情期间的历史变动来看，经济低迷、政治冲突、社会对立和文化紧张，都凸显出人类启蒙得还不够，特别是启蒙中的情感要素往往被理性诉求所冷酷压制。对中国这种发展中国家而言更是如此，但中国独特的践行道路倒可能走出新径，这根源于中国人几千年来得以积淀而成的“情理结构”。中国人的通“情”达“理”的生存智慧，在度过疫情期间与疫情之后重建都扮演了核心的角色，这就是我所谓“大启蒙”的合情合理之新道。

这本小书想要阐明的就是，在这种“大启蒙”的语境当中，走向一种新型的“情理文明”，不仅对中国有意义，而且对全球也有启迪。由此，经过本书正文的一番论述与论证之后，大家就可以跳到本书的结论那里了。

我们呼吁，通过新冠肺炎疫情，走向全球的“大启蒙”，熔铸出新型的“情理文明”！

目　录

抗议隔离：还我（们）以自由！

我们就从欧美民众反对隔离的抗议活动谈起。

一方面在抗疫，另一方面则在抗议，可谓冰火两重天。

2020年当地时间2月29日，意大利威尼托大区的沃镇居民们聚集在广场上面，沃镇乃是意大利当时已被封锁的12座城镇之一。当地的居民手拉横幅抗议封锁指令，横幅上大大地写着——“还我们自由”，他们也在高声呼喊同样的口号——“还我们自由”！

他们没有一个人戴口罩，也没有采取任何一种防护措施。其中一位居民在被采访时表示：“如果前几天走在路上，街上的行人少很多，广场上的人也更少，但现在人们开始出门了，因为他们对这种情况感到有些沮丧。现在的情况就很正常，除了镇上还设有路障。”而到了3月1日，意大利新冠肺炎确诊病例已增至1128例，死亡29例，其成为当时海外国家中继韩国以外确诊病例最多的国家，疫情形势可谓愈演愈烈，但这还只是疫情暴发初期的情况。

在疫情全球传播之际，全球各国都开始采取隔离措施，美国已成为被传染与病死人数最高的国家，且这个首位趋势始终未变。这既与美国人口基数大有关，也与美国抗疫不力相系。于是，美国各个州也采取了“居家隔离令”。2020年当地时间4月15日，由于不满被隔离，密歇根州爆发了数以千计民众抗议的活动，因为该州州长格雷琴·惠特默将“居家隔离令”延长到了4月30日，并关闭了一些被认为没有那么重要的企业和学校。对于如此严格的做法，《卫报》报道说，州长惠特默承认，这一定会带来很多令人痛心的后果，但她同时强调，这是在抗议期间必须采取的一些限制措施。

根据美国全国广播公司（NBC）的报道，当地警局的一名警员透露，当天有3000到4000人参加了抗议活动。这些抗议的人认定，该州严格的“居家隔离令”限制了他们的自由，他们还高举“不自由，毋宁死”这样的标语，同时还担忧当地经济由此也受到危害，其余的标语还有“州长，我们不是囚犯”“密歇根州反对惠特默滥用权力”“为了自由团结起来”“重启经济”等。英国《每日邮报》注意到一个细节：当天许多抗议者都没有佩戴口罩，并在彼此之间没有保持社交安全距离，抗议期间甚至还有人持枪抗议，后来这种持枪抗议的情况又屡次出现。据美国有线电视新闻网（CNN）介绍，密歇根州疫情形势其实并不乐观，当时已有超过2.8万例新冠肺炎确诊病例，在全美位居第4位。

根据哥伦比亚广播公司奥斯汀站（CBS Austin）介绍，这次抗议活动是由密歇根州保守派联盟（Michigan Conservative Coalition）

组织的，并被命名为“封锁行动”（Operation Gridlock）。发起者鼓励抗议者开车到兰辛市，结果造成了交通的大堵塞。组织者在脸书（Facebook）上呼吁抗议者“不要停车或者步行，待在你的车里”。然而，抗议活动当天，还是有许多人根本无视“待在车里”的要求，他们纷纷走出车外进行抗议。

结果，当天在议会大楼前面造成了1英里（约1.6公里）的交通堵塞，当时一位赶着上班的美国黑人医生史密斯，也因为这次抗议活动被堵在了路上。他在车里发布了一条视频，怒斥这些抗议的人群，耽误他去医院救治被新冠病毒感染的病人，危及了他人的生命。

这位在网上由此爆红的史密斯医生说：因为你们这些白痴挡住了我去医院的路，我现在不能去工作。那里每分钟都有人在死去！因为你们在外面抗议流行感染病毒，医院里躺着的或许就是你的爸爸、妈妈、儿子或者女儿，这真的是荒谬！对于每天要出去工作的人太不公平了，尤其是在医院工作的人。你们真是一些白痴，真正的白痴。我不能工作，我不能帮助任何人。因为你们封锁了我去医院的路线……

在密歇根州之后，俄亥俄州、肯塔基州和明尼苏达州等地皆出现了抗议活动，进而扩大到美国其他州，这些州都出现了聚集性活动，人们也都没有佩戴口罩，甚至还有持枪抗议的。人们在抗议居家令的同时，也更担心因此带来的负面经济影响，这甚至引发了时任美国总统特朗普和各州长之间口水战的升级。当地时间4月18日，美国华盛顿州州长英斯利严厉谴责了特朗普，指责这位美利坚的掌门人“精神错乱”，而且还在“煽动国内叛乱”，这个措辞可谓严厉。

原因是来自特朗普在推特（Twitte r）上的发文，其坚决支持这些抗议活动，反对一系列的全州范围的禁闭行为，号召他的支持者“解放”那些由民主党所控制的州。特朗普在推特上用表示强调的大写的字母分三条写道——解放密歇根州！解放明尼苏达州！解放弗吉尼亚州！并在后面补充道：“保有伟大的宪法第二修正案赋予你们的权利，它正在受到封锁!”

所谓美国宪法第二修正案，简单地说就是赋予了公民持枪权，更具体来说也是一句话：“一支受规范的武力乃确保自由国家之安全所必需，人民持有及携带武器之权利不可受侵犯”。特朗普呼吁解放诸州的时候，还特别强调了美国公民“有持枪权”。于是乎，正如事实所见，特朗普的很多支持者都是携枪上街示威游行的，所以华盛顿州州长才担心总统的“解放宣言”很可能激化矛盾，导致流血事件或分裂危机的出现，他疾呼：“总统今天早上的声明鼓励了非法和危险的行为。他让数以百万计的人面临着染上病毒的危险。他疯狂地咆哮和呼吁人们‘解放’各州也可能会导致暴力。”

在美国为数不少的州里面，由于不满“居家隔离令”，其也都采取了游行，并高呼这样的类似口号：

（1）“要自由！要民主！要人权！要经济！”

（2）“不要检测，不要口罩！”

（3）“害怕才是唯一的传染病！”

（4）“防疫比病毒更加恶劣！”

（5）“无条件开放！”

（6）“我们不要做奴隶！”

（7）“自由才是根本！”

针对当地时间4月15日爆发的这场数千人抗议活动，据《卫报》报道，在抗议示威活动持续数小时之后，密歇根州州长惠特默做出了这样的无奈回应：“我知道你们很生气，如果冲我发泄，能让你们好受一点，这没问题。我支持你们的言论自由，尊重你们的意见。我只是劝你们不要把自己置于危险之中，也不要把别人置于危险之中。”她还担忧地表示：“看到人们聚集在一起，没有戴口罩，我真的很失望……这次集会危害到了大家。这样的活动会让更多的人处于危险之中……可悲的是，抗议者不愿遵从居家令，但他们的行为可能反而会使居家令延长，这本是我们要不惜一切代价避免的事情。”

数千名参加抗议的民众，很多都不戴口罩而且近距离接触，这本身就会危及抗议者的健康。人们担心，这次抗议活动，可能让新冠肺炎疫情进一步传播……

直面于此，就连美国自由主义专栏作家、美国媒体周刊网高级记者达蒙·林克也开始对“美国人那种过时了的、固执己见的个人主义”开火：“我们经常听到支持个人主义的不同版本的论述，以至于很难批判性地思考它。在新冠肺炎的背景下，个人主义是这样的：‘不要强迫我违背自己的意愿待在家中避险。我能照顾好自己。假如我想去工作、购物，或者和朋友聚会，那是我的决定。我愿意冒这个险。死于这种疾病的可能性大大增加了，但无论如何，直面这种可能的唯一人群是老年人。所以还是担心他们吧，你那些琐碎的、帮倒忙的、像保姆一样的废话就别对我说了。你又不是我的老板。让我过我自己的生活，自己选择接受我愿意接受的风险。’”

为何会出现如此这般的立场？达蒙·林克说，这是由于“美国人喜欢把他们‘别踩着我’的行为准则，看作这个国家最令人钦佩的诸多特点之一。在某些背景下，在某些历史时刻，或许是这样。但在大流行病暴发期间，惊呼减缓病原体传播的一些举措为暴政，却是蠢行。在这样的情形下，我们不可救药的个人主义可能变得致命，变成一种威胁到个人以及整个政治共同体的自杀协定。这使个人主义成了一个公共威胁”。达蒙·林克把这种美国式的个人主义看作是不可救药的，在新冠肺炎疫情暴发这种非常历史时期也是致命的，而且不仅对每个个体而言是如此，对于政治共同体也是，由此就可能带来“公共威胁”。

当地时间5月16日，在多次爆发大规模游行后，德国数千民众走上柏林、斯图加特、布伦瑞克、不来梅等城市的街头，抗议德国政府推行的一系列防疫限制令。根据报道，柏林当局投入约一千名警力防止左翼和右翼双方的极端分子之激进行为。警察通过巡逻车上的扩音喇叭滚动播放防控规定，并劝导民众在游行过程中保持相互之间的安全距离。遗憾的是，从现场情况看，尽管游行气氛较为平和，但抗议者实际上难以遵守人与人之间至少相隔1.5米的基本规定，也几乎没有人佩戴口罩，皆暴露于被传染的危险之境。据德国发布的一项民意调查结果显示，其实过半德国民众并不支持抗议限制性措施的游行示威活动。但值得一提的是，在受访者中，德国右翼政党另类选择党的支持者中有77%支持游行，自民党也有53%持相同意见，民众的政治立场影响了他们对待疫情的态度。

那么，从美国到欧洲，这些抗议民众索要的究竟是什么样的自由？直到当地时间5月25日，美国明尼苏达州明尼阿波利斯市发生了“弗洛伊德事件”之后，这些抗议活动才得到平息。这个事件的起因是当地四名白人警察逮捕一名被控疑似使用一张20美元假钞购物的46岁非裔醉酒男子乔治·弗洛伊德时，采取了“跪喉”的方式而使其不能呼吸致死。由此引发的大规模抗议蔓延全美国，进而波及欧美各国。由此，欧美抗议的主题才彻底转化为反对种族歧视，前面还是追寻“自由”，后面则是寻求“平等”。

这令人想起美国两位老总统的权利观与自由观。一位就是确定了美国精神和价值根基的林肯总统，他在华盛顿的演讲里曾提到，《独立宣言》这份奠定美国文明的文件主要确定了美国人的三大权利："生命的权利""自由的权利"和"追求幸福的权利"。但是生命的权利起码在排序上是先于自由的权利的，逻辑上也是居先的，没有生命何谈自由，更何谈对幸福的追求。另一位则是曾经拯救美国于危难之中的罗斯福总统，1941 年他在美国国会大厦发表演说时提出：在我们力求安定的未来的岁月里，我们期待一个建立在四项人类基本自由之上的世界，这四种基本自由就是"言论自由""信仰自由""免于匮乏的自由"和"免于恐惧的自由"。这个宣言发表于第二次世界大战发动不久，这四大自由在次年元旦还被由26 国联合发表的《联合国家共同宣言》正式采纳，到了1944 年罗斯福再发演讲重申四大自由的时候，国际反法西斯的战局已到了逆转之时。

罗斯福所谓"言论自由"，就是在全世界任何地方发表言论和表达意见的自由；所谓"信仰自由"，就是指在全世界任何地方，人人有以自己的方式来崇拜上帝的自由；所谓"免于匮乏的自由"，就世界范围来讲，就是一种经济上的融洽关系，它将保证全世界每一个国家的居民都过健全的、和平的生活；所谓"免于恐惧的自由"，就世界范围来讲，就是世界性的裁减军备，要以一种彻底的方法把它裁减到这样的程度——务使世界上没有一个国家有能力向全世界任何地区的任何邻国进行武力侵略。当然，罗斯福这种自由观与第二次世界大战的特定历史语境相关，但是对于当下人类的状况而言，最为紧迫的反倒不是言论和信仰自由，而是由于新冠肺炎疫情带来的全球性经济衰退之后，给各国人们所带来的经济方面的匮乏，所以除生命的权利保存这个前提之外，还有“免于贫困的自由”也是位居前列的，因为健全与和平的生活都是人人想要获得的生存基本条件，越是战争抑或疫情这种非常时期，这种基本需求就变得愈加紧迫。

取舍自由：消极自由？积极自由？

欧美反对疫情隔离的抗议民众提出“还我们自由”的时候，就是要求个人自由；而反对种族歧视的更大规模抗议，就是要求人与人之间的平等，不同种族之间亦是如此。“还我们自由”，其实是——“还我自由”，还给“我”个体以自由。看起来，“我们”乃是一个群体性的诉求，可是那只是在共同抗议时的口号，这个“我们”背后，隐藏的则是“我”！

有趣的是，这种抗议活动只在西方诸国出现，却几乎没有在任何一个东方国家出现，无论是朝鲜、日本等东亚国家，还是东南亚那些热带国家，都没有出现因为被隔离而抗议的情况，更没有民众直接提出关乎归还自由的政治口号。这种东方国家与西方国家，有着不同的社会基础与文化根基，这关系到他们对待“个体性自由”之不同态度。

在中国出现的所谓“逃避隔离”的现象，往往是以个体突围为特点的。最广为传播的一个新闻，就是所谓“澳籍跑步女”事件。2020年3月15日下午，一位居住在北京朝阳区的澳大利亚籍华裔女子梁某，本应在租住地居家观察的她，既不自觉隔离，公然出门，也未戴口罩，在小区内跑步，社区卫生防疫工作人员发现后对其加以劝阻，但这位女士却相当激动，拒不配合，还以语言侮辱防疫人员。防疫人员对她说“根据北京市政府规定，你是隔离人员，你现在不能出门”时，梁某则喊出：“救命！骚扰！”然后，她对防疫人员吼道：“我要跑步，我要锻炼身体，我病了谁照顾我?！你来吗?！滚！”

我们大概不能说，梁某之类的人，乃是在接受了西方个体自由观念之后，以践行来对抗东方的隔离体制。她的这种行为，倒更体现出东方的特色，并不与大家共同去主张个人的大权利，而是采取偷偷个人违规的方式来获取个体小自由。当然，在西方诸国也出现了类似现象，比如有些人为了出门竟伪装成树丛出来行走，以躲避监控；再比如因为遛狗被允许出门，所以一条狗被不同的人在一天之内遛了十多次，令人啼笑皆非。

为何东方人鲜有提出“还我自由”抑或“还我们自由”的口号？按照一般的观点，那就是东方人更讲求集体主义，而西方人更主张个人主义。李大钊在五四运动这场中国启蒙运动前夕就曾说过：“东人以牺牲自己为人生之本务，西人以满足自己为人生之本务；故东方之道德在个性灭却之维持，西方之道德在个性解放之运动。”[①] 这种比较观点延承了一种“非此即彼”的比较视野，似乎东方讲求集体性，西方只诉诸个人性。而事实证明，每

① 李大钊：《东西方文明根本之异点》，原载《言治》季刊第三册，1918年7月。

种文化内部都是相当复杂的，不能一概而论，因为个体主义与集体主义的二分法早就失效了。

关键在于，欧洲人喊出的“还我自由”，到底是何种自由？答案就是——“消极自由”！

在西方，所谓“主体消极自由思想，诞生在16和17世纪那个宗教战争的年代”，在主体自己来“独立决定”上争辩不休，“但是霍布斯（Hobbes）却把这些争执中的各个派别，巧妙地引导到个人自我决定的一种消极思想的轨道上去：‘人的自由’，他在《利维坦》的一个著名段落中声称：‘确切地说，意味着没有抵抗，在这里……抵抗’应当被理解成由于‘外在的动因’而造成的限制”[①]。这就意味着，霍布斯这位冷酷的英国古典政治哲学家在最基本的层级上，把自由当作“没有外在抵抗的自由”。就疫情隔离而言，所谓“没有外在抵抗”恰是说，人身体的自由没有得到限制，自然躯体的运动没有被阻止，我想去哪里就去哪里，只要条件允许。

欧美民众所抗议的，主要就是居家的限制隔离措施，因为这妨碍了他们的“人身自由”。然而，这种自由诉求，却不仅仅是外在的，因为当你产生“不要限制我身体自由”的念头时，就有了实现自己“自由意图”的意图。所以，这里的限制“人身”，

① ［德］阿克塞尔·霍耐特：《自由的权利》，王旭译，社会科学文献出版社2013年版，第34页。

在一定意义上也是限制“人心”，因为你要出去而突破隔离的“心念”也被限制了。按照中国本土智慧，身心始终是合一而不分的，正如我们今天所讲的由两个“人”所组成的“仁”字，在古代竹简当中的原本写法是上面是“身”字，下面是“心”字，“身”居然在“心”之上，不仅身心一体，而且心不统身。

有了“消极自由”，就有“积极自由”。另一位英国的现代政治学家以赛亚·柏林（Isaiah Berlin）提出了这种著名的区分，所谓“消极自由”就是Negative Liberty，而“积极自由”则是Positive Liberty。按照柏林的意思，所谓“消极自由”就是在一定范围之内不受干涉的自由。换言之，这种自由就是免于……的自由，亦即免于干涉、免于限制、免于强迫、免于奴役……的自由。相对而言，“积极自由”则主张“我是自己的主人”，我拥有“作为向导”，我自己设定自己的目标和决策，并且去实现它们[1]。

从更高的层面来析之，所谓“消极自由”就是一种外部免除式的自由，而所谓“积极自由”则是一种内部自我实现的自由。由此可见，疫情期间那种要求归还个体自由的诉求，要追求的仍是“消极自由”，也就是比较低级的“免于人身限制”的自由，而并没有诉诸一种“自我实现”的“积极自由”。

① Isaiah Berlin，“Two Concepts of Liberty，” in *Four Essays on Liberty*，Oxford：Oxford University Press，1990.

然而，问题在于“消极自由”只是一种低级的自由，甚至就是一种居于底线的自由。因为自由如果就是行动的不受限，那只是一种最低限度的诉求。这种自由，尽管是作为底线的，却又是如此之基础的，从而的确构成了自由的“基调”。

由此，可以给出一个并不算恰当的比喻：如果你去一家餐厅吃饭，餐厅的经营者告诉你，这里的饭菜都达到了健康水平，都不会对人体产生伤害，那么，这只是一种底线的自由，这种自由也就是消极的。但是，谁去餐厅都不是要被损害健康的——除非你吃河豚冒着被毒的危险——你去餐厅是为了美餐一顿，而不仅仅是填饱肚子。对于餐食之美味的追求，那可算是一种高级的自由了，这种自由亦是积极的，因为你要主动争取去获得饕餮美食之享受。

“消极自由”所带来的难题就是，在多大程度上留下自由空间，让“我”可以去做想做的事情，而不受到他人抑或体制的干涉？自由之所以乃为消极的，就是说，一个人在追求“自我利益”的时候，决不能被其他人所干涉。这次抗议隔离的人群就是如此，他们的自由诉求乃是相当“自我”的，同时也是对“自我利益”的索回。尽管作为群体事件出场，但是他们每个人都是作为“单体的人”而存在的，所寻求的乃是“个体化的自由”与“自由的个体化”。

然而，作为每个单体的他们却没有追问：“我”的这种自由追求，是否影响到了他人？由此“消极自由”也有个前提，那就是“我”对自由的追求，并不要妨碍他人的“合法权利”，要在这个合法的范围内来拓展自我的自由疆界。由此就会形成这样的推论：只要是“我”未妨害、侵害、损害到你们和他们的权利，那么，原则上“我”是可以做“我想要”做的任何事情的！

在新冠肺炎疫情这种历史非常时期，悖谬就出现了：抗议隔离的人士呼吁“还我自由”，这是对“消极自由”的基本保存，但是，却有可能因为这样的抗议活动，从而将病毒传染给其他的人群。而且，当他们已经客观上阻碍医生去救助新冠肺炎患者的时候，事实上就已经对其他人的自由造成了某种损害，无论他们的主观意图是什么，新冠肺炎患者也都有被救治的权利。这意味着，抗议人士对最低限度的“自由权利”的挽回，妨碍了新冠肺炎患者对“被救治的自由”这一同样也是低级的权利之获取。

既然“消极自由”乃是作为一种最低限度的自由而存在的，那么，它也就缺乏了对于更高级自由的追求：告诉你人身不被限制，却并没有告诉你，什么样的“良善生活”抑或“美好生活”才是值得追求的。换言之，“消极自由”并不能焕发出我们对幸福生活的追寻。正像1994年那部老电影《肖申克的救赎》所展现的那样，逃脱监狱当然就是获得“消极自由”，但是超越牢笼后在海边选择美好的生活，才是“积极自由”的最终实现。

如果再提升一个境界，将自由问题置于人与自然的关系来看，那么可以说，“消极自由”是顺应自然的，而“积极自由”则是征服自然的。顺应自然就是不与外物之间形成对抗关系，这近似于中国道家所讲求的“法天贵真”，就像“逍遥游”那般无拘无束从而达到“无限飞升”之境；征服自然则是要主动对外物进行改造以适应主体性的要求，这又近似于中国儒家所讲求的“自强不息”，就像“尽天事”那样积极作为从而达到“从心所欲”的自由之境。

实际上，中国人很早就意识到了自由的积极与消极之分。柏林的两种自由划分，一般可以追溯到1958年10月31日他在牛津大学的那篇重要的就职演说——《两种自由概念》（Two Concepts of Liberaty），后来以单行本发行而影响深远。但在1948年，中国政治学家萧公权辨析自由概念与践行的《自由的理论与实际》一书里面，就已经涉及这种积极与消极的自由划分，只不过他更多是从中国儒家的视角出发，来确立积极的自由之地位的。

按照萧公权的政治理念，“如果自由是人类物质生活与精神生活的满足，换言之，自由是遂生进而达意的总称，那么自由实在是人类天性发展的自然结果。中庸说：‘天命之谓性，率性之谓道。’所谓率性就是自由。用俗话来说：一个人按照他自己本性的要求而活动就是自由。这是自由的基本意义。自由当然包含不受外力障碍的意义，但不受阻挠仅仅是自由的消极条件。本性自身的发展才是自由的积极内容”[①]。这就意味着，萧公权先生较早就区分了自由的“消极条件”与“积极内容”两个面向，并

① 萧公权：《自由的理论与实际》，商务印书馆1948年版，第33页。

大胆地使用“率性之谓道”来解释自由。儒家由于天道性命的本意或许原非如此，但是的确包孕了“积极自由”之含义，这才是所谓“从心所欲不逾矩”和“天行健，君子以自强不息”被翻新的现代意义吧。

对“积极自由”的积极追求，我们后面再继续说，下面还是继续深入“消极自由”的消极取向之内部，“消极自由”还有个更为基础的前提，那就是所谓“生存权”。

对于人类而言，什么是最根本的呢？当代中国思想家李泽厚曾有一个肯定的回答，这个回答浸渍了中国人的“实用理性”智慧。按照他的哲学主张，“人活着”乃是第一个事实，“活着”就比“为什么活着”更加根本，因为它就是既定的事实。具体来说，第一，人活着“首先是指人的动物性机械的生存运转（从出生到死亡），其次是指人意识自己在活着”；第二，“选择死（不活着）总是极少数人；作为族群，人类生存着”，所以才说，人活着是“第一事实”[①]。这就回归到人类的底线来加以言说，事实上这个进化为人类的族群需要整体地生存下去。这种群体性之“活”，并不是个别的个体所能决定的，它本身就是一个不可抗议的总体事实，哪怕人类面临小行星撞上地球那种偶然性事件，也还是要争取活下来的权利。

---

① 李泽厚：《我的哲学提纲》，风云时代出版公司1990年版，第223页。

终极抉择：生存权作为可选择权

如前所述，欧美抗议防疫限制令的民众所要的，还只是“我的消极自由”，归属于“我的”的底线自由，那么，要求这种“免于被限”的自由究竟有什么错呢？

如果是在一般社会情境当中，要求“主体消极自由”并没有什么错，但是在社会非常时期，仍要求这种个体化的消极自由的实现，那就会面临尖锐的矛盾：如果你的个体自由得以实现了，而更多的人却因此而感染新冠病毒的话，那么你的自由就限制了“他者”的自由，那该怎么办？如果更多的人都如此自由地行动，那么，这些人之外的其他人的自由该如何得到维护？

我们知道，人权首先是生存权，其次才是发展权。如果人们的生存权都无法保护，那么，皮之不存，毛将焉附？道理显而易见，没有生存，何来发展？

生存权得以成立的前提，就是每个人的生命保存。首先必须区分出通常与非常的社会时期，哪怕在“非常”时期，保存个体的生命都是首要之计。“通常，人们相互之间的交往不是作为人类同胞（fellow human beings）进行的，这种情况只是在当保存生命成为首要考虑的非常时刻才会出现。例如，在地震、洪水和饥荒等自然灾害中，在空难、沉船和火灾等事故中，在战争和革命的洗劫之后等。”[①] 这次全球蔓延的新冠肺炎疫情更是如此，好似那次弥漫北半球的“史前大洪水”一样，整个人类几乎都要面对这场疫情，这可能也是史无前例的一次全球性独特事件，起码在现代历史展开之后是如此，因为人类这次能够更自觉地以自身的力量来应对大疫情。

中国政治家一般在界定人权时，把维持生命作为首要的条件，比如将人权当作做人的必要条件。最基本的人权就是衣、食、住等的权利，它们是身体安全的保障，可以让个体生命享受幸福，由此才能达到人群所能完成的至善，以实现最大多数人享受最大幸福的目的。尽管这种对人权的规定，受到了功利主义的很大影响，从而最终要追求最大多数人的最大幸福，但是其所陈列的人权顺序却是无疑义的，首先就是维持生命，其次则是发展个性和培养人格，再次就是达到人权最大多数的最大幸福的根本目的。

实际上，生存权也是一种“可选择权”，但是对其的选择也有正面与负面，前者向道德的高处走，后者则带来了对道德的破坏，甚至走向“反人类”的极限。那些仁人志士可以为了其他人

---

① ［英］A. J. M. 米尔恩：《人权哲学》，王先恒、施青林、孔德先、荣长海译，东方出版社1991年版，第234页。

的生存，从而舍生取义甚至慷慨赴义，这就是一种正面的选择。反过来，如果为了个人私利选择去危害他人的生命，那可就另当别论了。

“反人类罪”当中的种族灭绝（genocide），就是集体付诸实施的对某一或某些民族所进行的有计划的、系统性的灭绝性的屠杀，而且这种屠杀不仅是故意为之，还是群体性的行为。这种种族灭绝直至今日还在出现，譬如从1994年4月初到6月中旬，卢旺达胡图族对图西族及胡图族温和派进行了有组织的大屠杀，共造成大约80万至100万人死亡，震惊了世人！

从“人权哲学”的视角来看，“滥杀同类，就是根本不把他当作人类同胞来对待。毫无必要地威胁他人生命，就是把他人当作牺牲的对象，因此也是不把他当作人类同胞来对待。因此，这一权利正是本来意义上的人权，因为它是构成‘人类同胞’这一资格的要素”[①]。这里的本来意义上的人权即“生存权”，它在根基上就是要将人当作人，当作自己的同胞。这就是中国北宋思想家张载所说的“民胞物与”当中的民胞，亦即民为同胞，每个人都是你的人类同胞，当然按照天人和合的智慧，物也为与人共生的同类。

那些在疫情期间不戴口罩抗议的人士，在一定意义上，也是

---

① ［英］A. J. M. 米尔恩：《人权哲学》，王先恒、施青林、孔德先、荣长海译，东方出版社1991年版，第238页。

无意之间威胁了他人的生命。因为，不采取防护措施与不保持安全距离，就可能使他人处于危险之地。这也是对“民胞原则”之违背，也就是未将他（她）人当作自己的人类同胞，从而破坏了对生存权的维护与尊重。

既然生存权也是一种可选择权，那么，这些抗议人士也是在做出一种选择，不过做出的乃是负面的选择，与慷慨赴难那种正面的选择反向之。尽管这种选择并没有“主观的故意”，但却可能带来“客观的伤害”。

什么是主观故意？什么又是客观伤害？就像那位被堵在抗议路上的医生所申诉的那样：你们为个人自由的抗议却可能带来救治的延误，而那些失去生命的人，可能就是你们的父母儿女。但“民胞原则”却超出了特定的亲属关联，它是对全人类的观照，在这里面“爱有等差”原则并不起作用，因为每个个体的生命都是值得被平等尊重的，并不是与你更为亲近抑或更富贵的人的生命才更为重要。

在人类文明的“轴心时代”，中国儒家智慧较早关注到“人”的价值。《论语 · 乡党》里就记载：“厩焚，子退朝，曰：‘伤人乎？’不问马。”用现代汉语来翻译就是说，孔子退朝后，得知马厩被烧了，就只问：“伤到人了吗？”孔子生活的记录者又附加了一句“不问马”。这里大概有个言外之意，就是说一般人总还要问问马的，因为马毕竟是条“命”，尽管不是“人命”，但也是重大财产。

这就是所谓的“伤人乎不问马”。人与动物同居地球，从地位本该平等的角度看，孔子的观点是有差等观念的：他爱护人，却不爱护动物。这也是自然中心主义者对人类中心主义的反戈一击。但是，孔子的本意却并非如此，宋儒朱熹曾为孔子辩解说：“非不爱马，然恐伤人之意多，故未暇问。盖贵人贱畜，理当如此。”这个辩解只有一半的说服力，孔子并不是不爱马，而是没来得及问；但是另一半的辩解仍把“贵人贱畜”当作“理所当然”之事，那问题就大了。

由此可以追问：人的生命固然重要，那么，动物的生命就不重要了？孔子既然以“仁心”对待天地万物，那么就无法将人与动物同等看待了？《四书辨疑》就唱了朱熹的反调：“未暇问，乃是心欲问而无暇以及之也。理当如此，却是理不当问也。问人之言止（只）是‘伤马乎’三字而已，言讫问马，有何未暇？虽曰贵人见畜，马亦有生之物，焚烧之苦，亦当愍之。今曰‘贵人贱畜，理当如此”，其实岂有如此之理。”

马与人一样，都是生命体，被焚烧同有苦痛，所以也应该采取以“仁情”的态度加以对待。人同此心，心同此理，也应该拓展到人之外的天地万物上去。《反身录》也因此反驳朱熹：“‘伤人乎？不问马’，盖仓卒之间，以人为急，偶未遑问马耳，非真贱畜，置马于度外，以为不足恤而不问也。畜固贱物，然亦有性命，圣人仁民爱物，无所不至，见一物之摧伤，怃恻然伤感，况马乎？必不然也。学者慎勿泥贵人贱畜之句，遂轻视物命而不慈夫物。必物物咸慈而后心无不仁，庶不轻伤物命。”

无论如何，无论是伤到了人还是伤到了马，无论是人命还是动物命，都是值得人们去珍惜的。这次新冠肺炎疫情也出现了从人感染动物的现象，而不是此前大家所认定的仅由动物传染给人。

根据法国巴斯德研究所5月2日发布的新闻公报称，根据由法国多家研究机构参与的调查，法国境内第一只携带新冠病毒的宠物猫被发现。与世界上此前发现的人传猫的案例一样，这只猫曾和一名新冠肺炎患者生活在一起。法国阿尔福兽医学院、国家卫生安全署和国家农学研究院与巴斯德研究所的研究人员对10余只新冠肺炎患者家中的猫开展了病毒检测。结果显示，巴黎附近的一户人家中一只宠物猫的直肠取样检测结果呈阳性，而它的鼻咽拭子检测呈阴性，这只猫曾有过呼吸和消化方面的症状。

来自中国的研究已经显示，猫和雪貂等动物较易被新冠病毒感染，美国纽约还发现动物园的一只老虎被感染。美国疾病控制和预防中心与美国农业部2020年4月22日曾联合宣布，位于美国纽约州的两只家养宠物猫被确认感染新冠病毒，这是美国首度发现家养宠物感染，纽约市布朗克斯动物园又有四只老虎和三只非洲狮被确认感染。如果新冠病毒真的是从动物传染到人身上，那么，这种病毒传播真的又实现了从人到动物的“反向传播”。

猫科动物似乎更容易被新冠病毒感染。然而，在继宠物猫、老虎、狮子被感染之后，美国北卡罗来纳州的一只宠物狗的新冠病毒检测也呈阳性。据《纽约邮报》2020年4月28日报道，这只名叫温斯顿的狗，来自美国北卡罗来纳州教堂山的一个普通家庭，在其主人被确诊后，杜克大学研究人员对其也进行了检测。研究负责人克里斯·伍兹博士告诉媒体，这是美国国内首例确诊的犬类感染病例，美国疾控中心对此表态说："动物传染给人类的风险很低。"

回到生命权的问题，生命权是生存权的基本构成之一，那么，人有生命权，动物有乎？为了人类本身的生存，动物往往被剥夺了生存的权利。君不见，多少次因为家禽出现传染病，人类对它们进行大规模的灭绝行动。根据中国网2019年4月23日报道，农业农村部畜牧兽医局副局长王俊勋在当日举行的新闻发布会上介绍，截至当年4月22日，中国共发生了129起非洲猪瘟疫情，累计捕杀生猪达到102万头。这就要去深入权衡人与动物之间的"适度"关系，在人与动物的"生存权"之间，如何做出选择？在后面，我们还要论述到人与自然的"不即不离"的关联，这里还是先谈人的问题。

如何权重：生命可贵？为自由故？

当我们从“合情合理”的角度看待西方人的选择之时，遗憾地发现，在生命权与自由权之间，西方世界难以找到融合之路，而是始终将二者置于对抗的局面当中。

西方人对于权利做出了明确的区分，比较通用的分法就是“自明权利”（prima facie rights）与“绝对权利”（absolute rights）。换一种说法，还有“可剥夺权利”（defeasible rights）与“不可剥夺权利”（indefeasible rights）之分，其实言说的都是大概一致的意思，也就是说，绝对的权利就是不可剥夺的，不可剥夺的乃是绝对的权利。

如果真的存在西方人所倡导的“绝对权利”的话，那么，究竟哪些权利属于这“绝对权利”的范围，那可就仁者见仁、智者见智了。这就形成一种张力结构。在这张力的两个极端，一方更为坚持底线的论者主张首要的绝对权利，那就是安全与生存权，抑或生命权才是最基本的权利，这才是不可剥夺的，诸如选举权之类都是可以剥夺的；持另一方倾向自由主义立场的论者则认定，“自由权”尽管是有限的，但认定所谓“平等考虑权”（the right to equal consideration）而非“平等对待权”（equal treatment）才是一切权利的基础。这在西方世界就已经形成了内在的矛盾，并且不只在西方，东方也有如此的张力。

这就构成了一对对立项，或者说，让我们直面一种选择：你到底是要生存，还是自由？很多中国人大概都知道这样一首外国诗，有一些人不仅是熟知，而且几乎都会背出来，因为这首诗意义明确且形式简约：

> 生命诚可贵，
> 爱情价更高。
> 若为自由故，
> 两者皆可抛。

这首让人耳熟能详的著名诗歌《自由与爱情》出自匈牙利诗人裴多菲之手。此诗大意就是说，生命当然可贵，爱情更为崇高，但与自由相比，两者皆不重要，都可以抛弃了。在中国绝大多数人的眼里，这首诗就是一种“自由诗”，其实所追求的自由就是“个体的自由”。为了这种自由，不仅可以放弃爱情，而且可以舍弃生命。

人们对这首几乎成为顺口溜的广为流行的诗歌，却存在一个大大的误解！几乎所有人都误解了，而且，误解得太深了。为什么这么说呢？因为这里的自由，绝不指代个人的自由，而是指代国家的存亡，它关乎的是多数民众的集体自由。

与大多情诗一样，这首诗的灵感来自诗人的爱恋之人。1846年9月，23岁的诗人裴多菲在舞会上结识并爱上了名为森德莱·尤丽娅的漂亮女子，但却遭到女方家长的百般阻挠。裴多菲爱得更加炽烈，创作出《我是一个怀有爱情的人》《你爱的是春天》《凄凉的秋风在树林中低语》等多首情诗。最终诗人冲破阻挠，一年后尤丽娅嫁给了他，看起来两个人会从此过上幸福的日子。但事与愿违，到了1848年春，奥地利与统治下的匈牙利形成了尖锐的民族矛盾，裴多菲目睹人民所遭受的侵略之苦，他大声疾呼："难道我们要世代相传做奴隶吗？难道我们永远没有自由和平等吗？"1848年3月14日，裴多菲与其他起义的领导者在佩斯的一家咖啡馆里商定了起义事项，并通过了旨在实行改革的政治纲领《十二条》。就在当晚，裴多菲便写下起义檄文《民族之歌》：

起来，匈牙利人，祖国正在召唤！
是时候了，现在干，还不算太晚！
愿意做自由人呢，还是做奴隶？
你们自己选择吧，就是这个问题！

15日的清晨，震惊欧洲的"佩斯三月起义"开始了，一万多名起义者聚集在民族博物馆前，裴多菲当众朗诵了他这首《民族之歌》。裴多菲并不仅在诗歌里呼吁，而是参与实际战斗。1849年裴多菲参与了同俄奥联军的浴血奋战，但年仅26岁的他由此下落不明，留下了22岁的妻子和仅仅1岁半的儿子。诗人恰恰践行了《自由与爱情》一诗，为了“自由”而献身在战场。所以，裴多菲所践行的自由，不是破除个人受限的小自由，而是争取家国独立的大自由。

那么，在何种条件下，哪些人会走上“不自由毋宁死”的归途呢？萧公权曾表露过这样的意思：如果自由的意义是遂生，是生存的满足，那么我们应当说“不自由就是死”，而不能说“毋宁死了”[①]。这就关乎萧公权对于自由的看法，他认定，自由乃是“遂生”进而“达意”的总称，也就是对人类物质生活与精神生活的双重满足。

所谓“遂生”就是对人类基本生存条件的满足，也就是物质生活的满足。那么，究竟什么是“达意”？萧公权认为，人类号称万物之灵，因为除了要求生存之外，人类还要求精神的满足。人类有思想、语言、想象、情感等能力。除了经济活动之外，人类还有宗教、学术、文艺等一切超物质的活动。精神生活的满足可以叫作“达意”。达意也可以说是“自由”。达意活动遭受障碍就是“不自由”。人类精神不自由的痛苦有时超过物质的不自由。为了满足精神的要求，人类有时候竟会牺牲生命。宗教家、思想

---

① 萧公权：《自由的理论与实际》，商务印书馆1948年版，第33页。

家的殉道，便是最好的例子。在这个意义上，我们便可以说“不自由毋宁死”[①]。

的确，为自由赴死，这是非常高级的道德行为，它是将某种道德理念付诸行动。按照萧公权的政治哲学，自由一方面规定是“遂生”，亦即对物质生活的满足，这方面满足不了就是不自由的；然而，自由的另一方面规定则是“达意”，亦即对精神生活的满足，为了这个高级诉求可以付出生命代价。前者是“不自由就是死”，后者则为“不自由毋宁死”，前者的自由是居于底层的，后者的自由则是蹈于高处的。

说完这段历史，还有自由与死亡的关系，再说新冠肺炎疫情当中的争论。在疫情愈演愈烈之时，德国《明镜杂志》做了一期讨论，德国宪法法院前法官于尔根·帕皮尔和德国联邦司法部长兰布雷希特就自由和生命进行了一番唇枪舌剑。由此可见，生命权与自由权在西方思想那里始终是割裂的存在，由此产生的冲突始终是不可调和的。

矛盾双方的对峙意见大概是这样的，一方面，帕皮尔认为，人民的自由权在疫情期间受到了威胁，预防病毒的措施也不是损害个人自由的理由。所以，立刻给政策“松绑”就不需要任何理由，即便给政策“松绑”，那也仍然是在限制公民的基本权利。帕皮尔立足于宪政的立场说道：“我们必须认识到，立宪国家的

---

① 萧公权：《自由的理论与实际》，商务印书馆1948年版，第33页。

首要目的就是保护公民的自由权。”帕皮尔给出的意见，乃是非常坚定而毫不妥协的，这是源于其坚定的自由主义者的立场。

另一方面，司法部长兰布雷希特站到了帕皮尔的对立面，但是却有所妥协。她首先提醒这位宪法法院前法官注意：“国家有责任保护每一个公民的生命权，这正是宪法的最高价值。”尽管如此，兰布雷希特也不得不承认，目前的状态也不可能长此以往，因此“我们将竭尽全力，保证不进行不必要的隔离”，这样说就往后退了好几步。

的确，如何在自由权和生命权间达成平衡呢？两位论争者看似站到了两端，前者认定自由权是必须居先的，后者认为生命权才是绝对的诉求，但是他们却都是以宪法作为出发点的。帕皮尔还批评道，议会民主制目前正在受到破坏，但这还是政治问题，而在生命权和自由权间保持平衡，其实乃是一个法律问题，而不是政治问题。而且她还确定，这是有唯一标准答案的，但德国各州之间步调并不统一。兰布雷希特却拒绝这一指控，她称无论是联邦还是各州的防疫措施，都是经由议会细致而具体地讨论之后得出的。

支持帕皮尔的大有人在，德国联邦议会主席沃尔夫冈·朔伊布勒也在这起论争期间警告道“保护公民的生命不应该高于一切。”他认定：“当我听说，在疫情中，保护人民的生命安全高于一切，任何其他的事情都要为其让步时，那我必须说，这是绝对不正确的。”理由何在呢？朔伊布勒提出：“如果说我们的基本法里有什么是有绝对价值的，但一定是人的尊严，这是神圣不可侵犯的。但这不代表我们不会死。”朔伊布勒还强调说：“国家必须尽可能保证最好的医疗救助，但终究有一些人是要死去的，包括我。我的年龄是高危人群的年龄，但我不那么害怕，每个人都会死，相比年轻人（还没好好过完这一生），我的死亡显得不是那么可怕。”

这就直接关系到“谁先死”的问题。当然，除了主动赴死，“谁先死”并不是由人来决定的，但是在医疗救治条件有限制的时候，那就要去决定谁有优先的获救治权。由此，“谁先死”就被转换为“谁能先死”的问题。在后面谈到疫苗分配的时候，我们还要论述到这一话题——谁该优先获得疫苗呢？这就关乎公正的问题，后面再说。

不伤原则：请勿置他人于危境！

还是说回个人自由难题，将疫情困境与西方式的个人主义勾连了起来，这是我们的基本观点。但与之殊途，日裔美籍政治学家弗朗西斯·福山却反对将这次疫情所面临的困境与个人主义联系起来。在《经济观察报》与福山的一段访谈当中就可以看到他的基本立场，这个访谈名为“弗朗西斯·福山谈新冠疫情：危险远远多于机遇”。

《经济观察报》记者问道：“你刚才提到了红州（所谓红州即美国偏保守派政治立场、支持共和党的州）的抗议者们，那我们来聊聊政府权力和个人自由。隔离封城显然是一种对于个人自由的限制，所以我们看到那些人以保护自由的名义抗议居家隔离令。你如何看待旨在保护人们不受病毒侵害而引入政府权力发布对于人们自由的限制命令?”

福山的回答却是：“人们抗议的原因其实并不是他们认为他们的重要的自由被侵犯了。比如说，有一名抗议者抱怨的是他没办法去理发。没有哪个严肃理性的人会同意理发的自由要重要过你的同胞的生命，这当然很荒谬。但是问题是我们的政治立场已经成为一种代表我们所属身份认同的文化源泉。对于像特朗普这样的人，对疫情轻描淡写、表现你无惧病毒的样子已经成为‘你是集体一分子’的标志，你属于不相信这场疾病严重性的这个部落的成员。即使这并不理性，也完全不是基于科学实证基础，但这种归属于这个集体的愿望是如此强烈，以至于会颠覆人们的理智。我们以往已经见证过很多类似情况，不幸的是，在这场疫情大暴发之中它又发生了。”

记者再问:“你认为政府的抗疫举措不够充分，某种程度上是社会过度强调个人自由的结果吗?”福山答:“我认为不是。如果观察过往美国在两次世界大战或者911恐怖袭击这些紧急危机时的情况，那时美国拥有举国团结的凝聚力，人们在面对外部威胁之际并不会抱怨个体自由的丧失。但现在的情况非常特殊。我不认为美国抗击疫情的表现能够代表民主政体完整的情况。”他继续举例说明:“比如，韩国政府对待这场危机非常认真，早在1月份已经开始做准备，当时韩国的确诊病例还很少。他们那时就开始做检测，范围很广，他们的医疗系统对全体公民进行新冠病毒确诊感染免费治疗。他们还任命了具备相关背景知识的公共健康专家管理医疗系统……事实上，他们还在这场危机期间举行了大选，并相当成功。所以我想并不能说民主政体无法成功应对这样的危机，而仅仅是美国在此时此刻相当困扰，这折射了深层的社会撕裂。”

然而，问题在于，这种个人自由的诉求尽管与政府抗疫不利并没有因果关系，但是疫情与个体之间的关系却是不可否定的，与东方社会抗疫效果进行比照就可以得见，理应追溯到更为深层的因素。我们再诘问一次，以美国为代表的西式“利己个体主义”，在这次疫情当中究竟犯了什么错？这就关系到所谓“责任伦理”的大问题。

东西差异的问题，与病毒相关但又超出了病毒本身：为何新加坡与韩国这种所谓“威权国家”的抗疫效果，要比欧美那些所谓“自由国家”的效果更好呢？除中国以外，新加坡和韩国都属于在抗疫方面效果显著的国家，韩国在一度失控后很快控制住了疫情。当然，这些国家有效防控新冠病毒的措施的确有一些相同之处，他们都尽可能地检出感染者，再对感染者进行严格的隔离，而且被隔离者基本上是守规矩的，这哪里是网络上所调侃的东方人都怕死、西方人不怕死抑或西方人爱自由、东方人更老实那般简单?!

由此，很多致力于政治研究的学者，试图从政治体制的角度来寻求这种效果差异背后的制度差异。这样做也不是不可以，但是更可以从伦理学的角度来给出回答。那就是说，无论是新加坡人还是韩国人对于“社会责任”的承担，都是较之自由国家更为深重的。当然，这种“社会责任”乃是作为一种共同体的共存原则而存在的，它所要求的一面是维护与促进每个成员在其中所发挥的作用。但另一面更为重要的，乃是对于每个人承诺做出的行为造成的后果都要付出责任，大致而言，在这方面，东方人做的的确比西方人更为深入。

由此，我们还要继续追问的是：你、我、他可以把他人的利益置于危险之境吗？我们有没有理由让他人暴露在病毒之下而去冒险？我们还可以从儒家“生命伦理”的角度再来审视之。

人类的发展，要以整体的生存为始基的，同时自己也负有不可推卸的责任。人类无权去毁灭自己，这就是“生存责任”的绝对优先性，它甚至被视为一种绝对化的律令。这个首要律令就是——人类必须存在下去。按照责任伦理的基本原则，“首要的准则是，未来后代的任何情况都不得与人类必须绝对存在的原因相冲突。仅就人而言，人类必须存在是首要律令”，“确保质量的首要原则只能产生于生存律令，所有进一步的准则都从属于这个标准”[①]。这就是说，人类所有的准则，都是以“生存责任”作为绝对前提的，它不仅在现实中占先，而且逻辑上也居先。这一点几乎是不可辩驳的，除非人类不需要在这个地球上再继续生存下去，但是即使“移民”到其他星球，人类本身的生存还是首要性的根基，由此而形成的责任就是我们所说的“生存责任”。

那么，到底何为责任？在日常用语当中，做了“不负责任的行为”，到底是什么意思？一个可以肯定的潜台词就是，“只有身负责任的人才会不负责任地行动”[②]，就像一位赌徒要赌尽身家

① ［英］汉斯·约纳斯：《责任原理：现代科技文明伦理学的尝试》，方秋明译，世纪出版有限公司2013年版，第57页。

② ［英］汉斯·约纳斯：《责任原理：现代科技文明伦理学的尝试》，方秋明译，世纪出版有限公司2013年版，第120页。

性命，但是他却负担着一家老小的生计，他就是极度不负责任的人。从他者的角度来看，“他人的幸福、利益和命运，通过机会或协议置于我的关护之下，这就意味着我对它们的掌握的同时也包含着我对它们的义务。那么无视这种义务而行使权力，则是‘不负责任’的，也就是破坏了责任的信托关系”[①]。这是个非常有趣的说法，将责任视为一种“信托关系”，当然责任讲的是伦理义务，而信托说的则是经济关联。

从经济学的角度观之，所谓信托乃是委托人基于对受托人的信任，将其财产权委托给受托人的行为，由此受托人可以按委托人的意愿，以自己的名义为受益人的利益或特定目的来进行管理和处分。就像父母等家人在车祸中皆身亡，唯一留下的幼儿的财产可以委托给信任的人来暂时加以掌控，在孩子长大后再将财产移交给他。同理可证，信托关系就是由此形成的关系，也就是建立在信任基础上的以经济为主的关系。从伦理学的角度来看，人类是由共同生存为载体的，个人对于他者的幸福、利益和命运都负有广义的责任，承认这种责任就是一种义务，不承认这种义务来动用权利，那就走向了责任的反面。

2020年的新冠肺炎疫情，随着其逐步蔓延，已成为全球共同体必须共同直面的同一对象，尽管在不同地区新冠病毒产生了

---

① ［英］汉斯·约纳斯：《责任原理：现代科技文明伦理学的尝试》，方秋明译，世纪出版有限公司2013年版，第121页。

不同的变体，但是它们都属于同一种类型的病毒。这就需要在各个不同（诸如国家）共同体与不同（可能接触的）个体之间，采取一种诸如信托关系的相互信任的立场，那就是在国与国交通、人与人直面时要“彼此负责”。如果出于一己之利抑或一国之益，而不顾其他人或者他国的情况，将对方置于病毒危险的境地之下，那就是破坏了这种信托关系，那绝对是“不负责任”的反道德取向。在这次疫情全球传播当中，多次出现了截留应流向他国的防疫口罩的现象，那就是出于一国之私；也出现了很多人不顾他人安危而带病毒出行的情况，那就是出于一己之私。

更为关键的是，这种责任不是一般的责任，而是保护人类基本生存的责任，这是一种“底线伦理”，也就是道德不往少数人的“上求”而是绝大多数的“下求”的根本界限的伦理。从人类最基本的“生存责任”出发，由此可以推论出：永远不可把“人类”的生存置于危险之中。这条“伦理学公理”可以表述如下：“在行为有很大危险时，绝不可将作为整体的人类存在或本质当作赌注。由此得出如下的观点：这项指令中的纯粹可能性（bare possibilities）应视作不可接受的冒险，也没有那么相反的可能性使这些冒险更能让人接受。”[①] 由此可见，我们不能做出这样的“冒险”，从而将人类整体存在当作赌注，无论是冒险还是赌注都

① ［英］汉斯·约纳斯：《责任原理：现代科技文明伦理学的尝试》，方秋明译，世纪出版有限公司2013年版，第50页。

是一种比喻性的说法。

那么，那些不顾他人被传染，乃至将更多人置于危险之境的行为，也是让他人身处“冒险”的境地。这就要继续追问：在你、我、他的任何一次赌注当中，我们可以把别人的利益当作赌注吗？当抗疫禁止人群聚集的时候，这的确就好似一种赌注：赌对了，他人就不会受伤害，赌错了，那就可能带来死亡的威胁，然而责任伦理却“禁止人类事物中任何孤注一掷的游戏”①。这里所说的孤注一掷，就好似一位赌徒押上身上所有的宝，在最后一搏当中希望能获得触底反弹的机会。但是，无论这种机会多么大，具有多大的可能性，也不能将人类的整体生存作为交换代价，因为一旦有所闪失，那将对作为整体的人类带来不可逆的伤害。

这就关系到中国儒家的“生命伦理学”，其中重要的一条就是所谓“不伤害原则”，这也是被儒家视为最为根源的一条道德规范。一切生命体为了生存都要趋利避害，在相互共同进化的过程中就会出现生存竞争，由此就会发生伤害现象。所谓伤害即意味对其产生厌恶的痛苦状况，因为使受害者得不到合理或适当的生长发展，或造成生命的遗憾。这都是对生命的一种扭曲或挫折。因此，伤害他人或物乃是道德上不容许行为之一②。这次新冠肺炎疫情当中，那些不顾他人安危而不采取隔离措施的人，就

① ［英］汉斯·约纳斯：《责任原理：现代科技文明伦理学的尝试》，方秋明译，世纪出版有限公司2013年版，第51页。

② 李瑞全：《儒家生命伦理学》，鹅湖出版社1999年版，第41页。

有一种给他人带来伤害的“可能性”。

我们看到，在一个相对封闭的环境当中，这种可能性带来的伤害更为巨大。比如停靠在日本横滨码头的游轮“钻石公主号”上发生的传染事件，据日本媒体《周刊女性》2020年5月4日报道，“钻石公主号”游轮发生的大规模集体感染新冠病毒事件，共有723人确诊新冠肺炎，其中13人死亡；再比如美国航空母舰“罗斯福号”上发生的传染事件，据“俄罗斯卫星通讯社”2020年5月1日的报道，3月末因受到疫情影响被迫在关岛基地停靠的“罗斯福号”上，感染疫情的人数已经超过了1100例，总共有超过4200名水兵被迫下船隔离。这些都是例证。

那么，究竟该如何应对这种伤害呢？中国儒家给出了一种解答方案，那就是支撑“不伤害原则”的“不忍人之心”的心理动力源。“对儒家伦理学来说，这一原则直接表达了孟子所谓不忍人之心的内涵。因为，不忍人即不忍他人或物受到伤害。这种不忍即表现了人际间的同情共感，而违反不伤害原则直接违反了我们的道德基本要求，乃是我们的道德经验所不能接受的。儒家秉持的一个信念‘行一不义，杀一不辜，而得天下，不为也’，固然具有强烈的公义含意，也可以再次表示儒家对不伤害原则的一种强烈要求，不能为了所谓更大的公共利益，以至替天行道等理由，而对一无辜者做出伤害。”[①] 这一将情感因素带入伦理的判

① 李瑞全：《儒家生命伦理学》，鹅湖出版社1999年版，第41页。

断，的确是中国儒家“情理结构”之体现，也是我们应对人类各种疫情的适宜姿态。

在西方社会，法律面临非正常情况，也会做出近似的选择。1884年出现的著名的救生船上的“食人事件”中，在极度困难，濒临死亡的情况下，三位船员为了求生，杀了一位身体较为孱弱的船员，并通过喝他的血、吃他的肉而挨到了获救，而被杀者还只是一个孩子。在同一年末，当这三位船员被审理时，科尔里奇法官义正词严地说：一般而言，保护生命是一项义务，然而牺牲生命却可能是最质朴而崇高的责任。战争中充满着这样的情形，在其中，人的责任不是苟活，而是牺牲。……因此，认为存在一种绝对无保留的保护生命的必要情况，是一种错误的观念。……在本案中，最虚弱、最年轻、最无力抵抗的那个孩子被选中了。杀死他要比杀死其他任何一个成年人更有必要吗？答案绝对是“否”[①]。这是因为，当两个人抑或更多的人，同时突然遭遇到灾难之时，任何人都无法杀害他人，哪怕杀害的理由就是为了更多人的生命得以保全。

关于这个案子的最终判决及其调节，更富有“经权”意味，我认为这是符合合情合理的基本原则的，而未一味地遵从法律的硬邦邦之规定。毫无疑问，这场案件的被诉者一定会被重判，事

① ［加］阿伦·C. 哈钦森：《食人有错？法律大案如何影响世界》，刘欣译，香港商务印书馆2015年版，第32页。

实也是如此，但在其被判处重刑的几天之后，在英国内政大臣威廉·考哈特爵士的劝谏之下，当时的维多利亚女王签署了赦免令，免除了他们的绞刑，并把他们的刑期改为有期徒刑六个月。尽管当时一直存在着一些内部力量要判处他们终身监禁，但是政府还是用更少和更轻的刑罚以缓解公众舆论压力，从而让形式公正得以最大地实现。

我以为，如此为之，使得这个事件得以合情合理地解决。判之以死刑，这是合法的，后又加以赦免，这是合情的，然后减少刑期，这是合情的。为了更多人剥夺少数人生命，这只是一种功利主义的无情选择，但是在做出后果判定的时候，却要遵循“情理合一”的人类准则。如果这一原则失去平衡，一方面，一味讲求情义，失去合法性，那就走向“无法无天”也是极端可能的；另一方面，干脆只求法治，失去合情性，那只会让“无情无义”冷酷进行到底!

何去何从：新旧个人主义走势

回到“个人主义”的话题，构成个人主义的核心，到底是什么呢？

当代英国哲学家史蒂文·卢克斯在《个人主义》这本专著当中，将人的“尊严”“自主”“隐私”和“自我发展”作为个人主义的前四个单位观念，它们是“平等”与“自由”思想中的基本要素。人的尊严或对人的尊重这一观念乃是“平等”思想的核心，而“自主”“隐私”和“自我发展”则代表着“自由”或“自主”的三个侧面。这是作者将个人主义置于自由与平等的基本观念当中加以考定而得出的逻辑结论。

新冠肺炎疫情对个体自由的限定，主要就是限定了人的“自主”权利，进而限定了人的自由，并不过多涉及较为低级的“尊严”与较为高级的“自我发展”层面。但是，当新冠肺炎检测成为某些人的“特权”的时候，那就不仅关乎“尊严”，而且关乎“平等”的问题了。新冠肺炎在美国刚开始流行的时候，得到新冠肺炎检测机会的人士只是某些权贵人士，这受到了社会上的尖锐批评。这就实现了从不尊重个人的尊严到没有给人们以平等地位的转化，既然尊严被视为平等的思想核心之一。

“隐私”的问题在个人主义当中看似不重要，其实在正常时期，往往变得更为重要，因为隐私的保护，关系到个人地位与价值的保障。这次新冠肺炎疫情就在很大程度上破坏了“隐私权”，这亟待在后疫情时代积极恢复与重构。在中国北京，疫情期间人们都要出示手机上的健康码，从这个健康码可以看到手机拥有者本人在近几周所去过的地方，尤其是否离京的情况在其中被重点显示，甚至出现了没有健康码就无法正常去超市购物或去餐厅吃饭的情况，有人形容说疫情高峰期要是没了健康码，那可谓寸步难行。

国外的情况也是如此，2020年5月初，英国卫生大臣公布了当时英国疫情检测数据，全英上下的日检测能力为每日10.8万次。在这种检测基础上，英国开始进一步实施所谓“检测—接触追踪计划”，以期在未来有效地控制新冠的大范围传播。

这个所谓的“检测—接触追踪计划”，就是通过广泛的检测，确定确诊患者，再根据接触追踪的手机软件，判断出患者最近接触过的人群，从而视实际情况通知其采取相应措施以保证民众的安全。建立这样的检测和接触追踪系统，对于整个英国来说的确是个前所未有的挑战。为了在全国推广，英国先在怀特岛测试这一软件，从医疗人员扩展到怀特岛上所有居民。选择怀特岛进行测试乃是因为岛上有完整的英国国家医疗服务体系（NHS），而且岛上新冠病毒感染者数量比较少。从科学角度看，因为检测范围是一个岛，是一个相对比较封闭的测试环境，所获得的数据更可靠。

这个计划的警示作用就在于：一旦某个人出现了新冠肺炎的症状，就可以通过这个软件通知NHS。然后，人们就可以根据软件里储存的距离数据，知道在过去一段时间里这个人与谁有过密切接触，当然前提是那个人也必须是软件的使用者。这样，每个与之密切接触的人都会收到一条警报信息。尽管这个追踪软件的开发者声称已经充分考虑到了个人隐私和信息的安全，而且已经在英国空军基地里进行了闭门测试，但是个人隐私的确被大白于天下了。因为软件使用者与其他与之接触的使用者的距离信息，将会在本人与他人的手机里安全保存，这些数据无疑会暴露隐私，由此妨碍了个人主义的实现。

实际上，所谓“现代自我”就是指人是一个独立自主的人。这就是西方非常独特的“自我”（self）观念，这种观念在中国本土几千年的历史当中其实并不存在，或者说，中国成了西方自我思想的一个对立项，因为中国本土传统始终把人作为“非个体”的社会存在。从古希腊时代柏拉图提出了理念界的观念开始，自我就被当成了主观意识，灵魂因为理性功能而独立，这种观点在基督教传统那里也得以继承。哪怕是原子主义的个体观念在欧洲大陆古代也有思想渊源，就连中国也曾出现过杨朱那种不拔一毛以利天下（“人人不损一毫，人人不利天下”）的思想，更何况霍布斯赋予了其人作为原子的“非社会”自我存在。此外，还有一种成形于圣·奥古斯丁的系统学说，认定人具有独特的意志能力，从而实现了人的"自我表现"。建基在这些思想根源之上，西方社会开始直面当今的最新疫情。

那么，在这次疫情当中，西方的"个体主义"究竟犯了什么错？在美国各州的纷纷抗议当中，个人主义的价值观再次得到了伸张，那么，为何美国人如此激越呢？与欧洲人比较，美国人在这次新冠肺炎疫情当中的"反抗活动"曾愈演愈烈，乃至在不少州的地方上出现了社会性的小规模动荡。

这就要追溯"个人主义"（individualism）这个词到底是怎么来的，与美国主义之间究竟又有何关联。追本溯源，"个人主义"在印欧语系当中的最早用法，一般认为是法语形式的individualisme，法国天主教复旧派思想家约瑟夫·德·梅斯特最早于1820年使用了这个术语，后来系统使用这个术语的乃是19世纪20年代中期的圣西门的追随者们。最初，个人主义是被批判的对象，来自欧洲人对法国大革命及其所谓根源——启蒙运动思想——的普遍反应。19世纪初期的保守思想，事实上都一致谴责诉诸个人的理性、利益和权利[①]。

这意味着，个人主义与启蒙思想是相伴而生的，因为启蒙要求自主地使用每个人的理性。因此，保守主义者直接抨击法国大革命高扬个人主义的做法，诸如这样的激进反问："个人主义所

① ［英］史蒂文·卢克斯：《个人主义》，阎克文译，江苏人民出版社2001年版，第2页。

摧毁的恰恰是服从和责任的观念，从而也毁灭了权力和法律；剩下的不就只有利益、激情和歧见的可怕混乱了吗?”[①] 圣西门追随者们既反对革命，也批判启蒙运动虚夸地赞美个人，他们对社会的原子化与无政府状态心怀恐惧，反而期望一种有机的、稳定的、等级森严组织起来的和谐社会秩序。

然而，真正使得个人主义既获得“现代性”含义，又具有世界性影响的乃是在中国有不少读者的19世纪早期作者托克维尔。他的那本《旧制度与大革命》在中国受众甚多，另一本《美国的民主》在英美世界也有六十多个版本，并赋予了个人主义以最独特和最有影响的自由主义含义。但托克维尔却指出：“我们的祖先并没有个人主义一词，这是我们为了自己使用而编造出来的，在他们那个时代，实际上并不存在不隶属任何团体而敢自行其是的个人；但是法国社会是由许许多多小团体组成的，而每个团体只顾自己。这就是，如果我可以这样说的话，一种集体的个人主义它为我们熟悉的真正的个人主义做好了精神准备。”[②] 个人主义的确来自法国，但如今的个人主义却与美国主义形成了诸多关联。

更为直接干脆的观点，安·兰德在《关于美国主义的问答》当中就曾追问：美国的基本原则到底是什么？她的回答异样明

① ［英］史蒂文·卢克斯：《个人主义》，阎克文译，江苏人民出版社2001年版，第3－4页。

② ［法］托克维尔：《旧制度与大革命》，冯棠译，商务印书馆1997年版，第134页。

确:“美国的基本原则是个人主义。美国是建立在‘人人拥有不可剥夺的权利’这一原则之上的!”

那么,到底何为“人人拥有不可剥夺的权利”呢?她的回答则是权利归属于个人:“这些权利属于每个作为个体的人,而不属于作为群体或集体的众人;这些权利是无条件的,是每个人私有的,属于个人,而不具有公众性和社会性,不属于团体;这些权利是与生俱来的,而不是社会赋予的;个人拥有的这些权利不是来自集体,也不是以集体的利益为目的,它们同集体相对立,是集体无法逾越的障碍;这些权利可以保护个人,使他不受到任何他人的侵害;只有建立在这些权利的基础上,人们才可能拥有一个自由、正义、尊严、体面的社会。美利坚合众国的宪法不是限制个人权利的法律,而是限制社会权力的法律。”

再一个问题就是,归根结底,什么是不可剥夺的人权?安·兰德这位女哲学家的说法非常简明,不可剥夺的人权就包括三类:“生命权”“自由权”和“追求幸福的权利”。所谓“生命权”是指“任何人不会因为他人或集体的利益而被剥夺生命”。所谓“自由权”是指“个人享有个人行动、个人选择、个人创制并拥有个人财产的权利。失去了拥有个人财产的权利,独立行动就无法得到保障”。“追求幸福的权利”是指“在尊重他人相同权利的前提下,人有权为了自己而生活,可以选择能给自己带来幸福的生活方式并予以实现。也就是说,任何人都不必为了他人或集体的幸福而牺牲自己的幸福,集体不能决定个人的生存目的,也不能左右他追求幸福的方式”。

这种不可剥夺人权的区分，还是基本可以接受的，尽管稍显简单。还有就是，她把“自由权”简化为“财产权”了。我们在上面强调了“生命权”的不可剥夺性，而且也是其他一切权利的前提性基础，但是当今欧美民众的主流更偏向的则是“自由权”。当美国各州民众不顾感染而出门抗议隔离时，他们既不带防护工具，也没有保持距离，恰恰就是用“自由权”压倒了“生命权”。但仍值得反复强调的问题是，“生命权”面对“自由权”无疑是居先的，假若没有了生命，那么何来自由呢?!

我个人倒以为，在“生命权”与“自由权”的辩证关联之上，“追求幸福的权利”才应是更高级的追求。这就关系到对“美好生活”的追求。我以为，新冠肺炎疫情之后，人类还是要追求“美好生活”的，这不仅是出于乐观主义的展望，也是人类历史上应对数次大疫的经验总结。这个展望未来的追求好生活与美生活的观点，大家可以参照本书的最后一章。

汉学反思：反击权利化的个体

非常有意思的是，激进反对个人主义的主力，不是来自东方，而是来自以个人主义著称的美国。美国有位汉学家叫罗思文(Henry Rosemont)，他1934年出生，2017年去世。他生前最后一部著作的名字就是《反对个人主义》。他从“描述性”与“规范性”两种意义上来批驳个人主义的缺失：在前者的意义上说，西方自由主义的理性自主个人只是一个幽灵；就后者的意义而论，个人主义会导致深刻与巨大的社会弊病。在这里，所谓“描述性”倾向于对于事实的描述，而“规范性”当中则包含了价值判断，人们由此就有义务对个人主义做出取舍。

在这本书的绪论当中，罗思文说得非常明确，这本《反对个人主义》“会通篇彻底去批判权利至上的个人、自由的个人和自主的个人，并推崇角色的、互相关联并负有责任的（因而是有承担的）人的观念。我如此为之，对个人主义的立场而言当然不是很公平。然而，个人主义的旗手已在优胜地位上占据了二百多年了，确定不会得到来自我的任何帮助。我将强化儒家在这个时代的强大说服力”。由此可见，罗思文反对西方的个人主义，其实他内心早就有了另一个选择，那就是中国早期儒家的智慧，认定走这条路可以保证人的尊严。因而，他的《反对个人主义》的副标题被命名为“对道德、政治、家庭和宗教基础的儒学重思”。

其实，早在20世纪80年代末，罗思文来中国开会时就已经提出了这样的主张：“我认为，自启蒙时代开始，现在西方发展起来的人权观念和用以表达以现代人权为基础的道德和政治理论的范围更广的基本概念，尽其可能为人类尊严带来了种种利益。它们沿着自己的方向发展，当我们向21世纪前进时，与其说它们正成为我们的一项资产，毋宁说是我们的一种责任。在当今世界上，有许多地方仍然存在着不尊重人的尊严的现象，在那里人性的尊严很难得到保证，但是我认为，早期的儒家著作也非常强调人类的尊严，这就向当代西方以人权为基础的道德和政治哲学提出了最根本的挑战，而在目前提出这一挑战是很重要的，因为西方的道德和政治哲学与对伦理的具体关心日益联系在一起。”① 他反西方个人主义而崇尚儒家的立场这时就已经基本确立。

大约四十年后，罗思文继续对资本主义的个体主义开炮，正如资本主义在范围与影响力上成为全球性的一样，由此“自主的个体主义的意识形态”就随着资本的力量在世界各地到处传播，尤其是美国继续引领了这条将一切都纳入到商业协定进而引发军

---

① ［美］罗思文：《论〈论语〉中从士到君子到圣（人）》，载复旦大学历史系和国际交流办公室合编《儒家思想与未来社会》，上海人民出版社1991年版，第327－328页。

事入侵与占领的道路。与此同时，在人类文化领域，唯物质化的倾向也占据了主导，每一个国家的精英们都倾向于内在沟通而不与自身文化当中的其他成员协同。面对这种压倒性的增长，罗思文大胆地认定只有驳倒了“自主的个体主义的意识形态”，才能使文明得以继续发展，因为资本主义系统已经使得这种基本的批判难以为继，这一系统在任何环境下都不能得到彻底改变，除非这种作为其“内核”的意识形态本身得到挑战，这便是《反对个人主义》得以出场的现实目的所在。

当然，罗思文也承认这种权利至上的、自由和自主的个人主义，在西方历史发展过程中扮演了重要的角色，并由此推动了历史的发展。自启蒙运动初期以来，这种“基础性的个人主义”以各种形式占据了西方世界的主导地位。这种个人主义作为法国革命与美国革命的概念支撑，起过重大的历史作用，并在过去二百多年间，为千百万西方人的政治生活和社会生活的改善做出了巨大贡献。然而，罗思文从反面洞见出，这种“基础性的个人主义”在当今的世界继续发展却面临了新问题。尽管这种个人主义在初盛时期给人类带来了裨益，但是更应该看到，它如今已成为美国与国际各种财富不平等的真正帮凶，对于西方与非西方世界越来越多的人而言，它如今成了“不平等”“压迫”和“民主削弱”的概念根基，而非真正的“正义”和“解放”的概念支点。

当个人主义概念延伸到伦理世界，罗思文就此认定，西方以人权为基础的现代道德论，无法提供任何标准来区分道德与非道德情况。“为了弄清这点，并且弄清西方道德理论是如何没有价值观的，请注意这一点：我们只要正确地鉴别（没有人告诉我们如何去鉴别）道德情况，引用我们所喜爱的康德主义的、功利主义的、实用主义的或罗尔斯的原则，并按它行事，那么很可能我们的生活是原始的、浑浑噩噩的、不合时宜的，或没有目的的，但是我们仍然是道德体现者。”[①] 实际上，美国著名自由主义政治哲学家罗尔斯的原则，就是一种在西方占据主流的自由主义论调，从康德的义务论、功利主义、实用主义到自由主义，各种道德和政治理论在这位美国汉学家看来都缺憾多多，其内核还在于以“人权”作为预设前提的这个西方式的理论假定。

如果不强调个体性的一面，那就要强调社会性的另一面，“把人当作独立自主、自由选择的个人这个概念也并不利于培养一种社会化感，在个人只能靠诉诸我们开明的自我利益来得到保护，情况就尤其如此。……从独立自主、自由选择的个人出发，以人权为基础的道德和政治理论可能给我们造成了而不是解决了伦理困境”[②]。问题恰在于，资本主义的伦理困境难以在“个人主义”的内部来加以解决，那就要另求他径，起码要跳出个人主

---

① ［美］罗思文：《论〈论语〉中从士到君子到圣（人）》，载复旦大学历史系和国际交流办公室合编《儒家思想与未来社会》，上海人民出版社1991年版，第329页。

② ［美］罗思文：《论〈论语〉中从士到君子到圣（人）》，载复旦大学历史系和国际交流办公室合编《儒家思想与未来社会》，上海人民出版社1991年版，第329页。

义才有突破的可能。

这就要区分出不同代际的“人权观”。迄今为止，第一代人权聚焦于“公民的权利和政治的权利”，这是从“天赋人权”开始的众所周知的诉求。但是第二代人权观念却并未如此广泛传播，因为这新的一代人权聚焦于人的“社会权利”“经济权利”和“文化权利”，罗思文似乎希望这代人权可以用“角色观念”作为基础，他以为:“在古典儒家著述的文字和精神里，存在着一种从社会群体关系出发的旨在实现第二级人权的非常深厚之观念基础。”① 当然，在第一代与第二代人权之后，1979 年又增加了第三代人权，亦即“自决权”和“发展权”，其实我个人以为，儒家倒可以在第三代人权上大显身手，但这三代人权都是与人本身休戚相关的，有机会再做出进一步的论证。

如果回到积极自由与消极自由之分，第一代人的权利常被描述为消极的，尽管这也是一种误解，但这代人权是被动的，的确是确定无疑的，因为公民与政治的权利就是要确保人们不受胁迫的自由。相比较而言，第二代权利乃是积极的，它强调的乃是人类还享有基本的经济、社会和文化权利，亦即所谓“第二类”权利，目的是充分实现人类自然与社会的潜能，从而清除压制此类潜能的障碍，从保健权、受教育权到工作权都是如此。假若第一

① ［美］罗思文:《谁的民主？何种权利——一个儒家对当代自由主义的批评》，载哈佛燕京学社主编《儒家与自由主义》，三联书店2001年版，第243页。

代人权被保障了，然而某个人却没有得到施展的机会，那自由也得不到全面的保障。

罗尔斯以美国人的权利为例来说明，他们所主张的主要权利的自由皆受到《权利法案》（即美国宪法中第一至第十条宪法修正案）的保护。这些权利都具有公民和政治性质，它们就是第一代人权。但是这样做却有个思想前提，把这些公民权利和政治权利视为最基本的自由，其理论预设就是把人类视为具有基本理性的个体。既然有了人类的基本理性，那么，人们也就必定具有自主的能力，这意味着，我们必定是自主的。这种理性的、自主的个体，同时也必定是自由的，否则就无法实现人类独一无二的人类的潜力。但令人遗憾的是，随着美国在过去一个半世纪的工业发展，这些权利已经超出了人类的范畴，它们不仅被视为自由、自主和理性的，而且也是自利的利润最大化的实体。

由此可见，个人主义也有两种，第一代关注公民和政治权利，第二代关注社会、经济和文化权利。如此看来，罗思文所批判的欧洲个人主义主要以第一代人权的实现为主，但“与之相反，儒家关系性的角色承担者，却把第二代人权看得尤为重要，但却无须忽视甚至不需贬低美国宪法头十条的第一修正案所欲保护的那些权利”[①]。再做个具体的补充说明，美国宪法第一修正

---

① Henry Rosemont, *Against Individualism*: *A Confucian Rethinking of the Foundations of Morality*, *Politics*, *Family*, *and Religion*, Lanham: Lexington Books, 2015, p. 111.

案是说，“国会不得制定关于下列事项的法律：确立国教或禁止信教自由；剥夺言论自由或出版自由；或剥夺人民和平集会和向政府请愿申冤的权利”。这前十条修正案于1789年9月25日提出，1791年12月15日被批准，由此被称为“权利法案”，其中关于新闻言论自由的这一条被列为第一修正案。

其实，罗思文所青睐的第二代人权，也是被质疑的地方，最容易的质疑就是易于走向极权主义的反面：“通过以这种方式挑战建立在自由和自由基础上的第一代人权，我似乎至少在含蓄地支持一种……法西斯主义。但这些并不是唯一的哲学选择，之所以被视为哲学选择，仅仅是因为自由、理性、利己的自私自利个体概念的咒语，进而导致道德领域的自私和利他主义，以及政治领域的个人主义和集体主义之间的二分法。在我看来，这些二分法被描绘得太尖锐了，使得我们很难用非常新的或非常旧的方式来想象人类是什么。”[①] 罗思文拒绝个人主义与集体主义的两分法，他的意图非常明显，乃是自启蒙运动以来，自主个人的公民权利和政治权利的确在增加人类的自由，也在许多领域确保正义方面做了诸多的工作，这是汉学家所承认的事实。然而，随着财富和权力在美国和国际上的日益集中，他认为应该去追问这些权利是如何促成这种集中的，为何如今正义继续远离了我们，贫穷

① Henry Rosemont，Two Loci of Authority：Autonomous Individuals and Related Persons，in Peter D. Hershock and Roger T. Ames eds.，*Confucian Cultures of Authority*，Albany：State University of New York Press，2006，p. 9.

和不平等在日益加剧，民主正在被侵蚀。由此，实现自由，对世界大多数人民来说，成了遥不可及的梦想。

与这次新冠肺炎疫情相关的是，欧美社会的个人主义可能出现矛盾的情况，前面提到的欧美个人消极自由的诉求与为了公众利益而被隔离之间，已经出现了激化的冲突情况，那么，这种矛盾出现的观念冲突到底在哪里呢？事实上，“一旦聚焦于自由理性自主的个人，就会难以跨越将言论自由权与健康医护权加以割裂的鸿沟。更为糟糕的竟是，它将继续让‘归罪于受害者’之荒唐理由提供了可能，由此无视那些不幸者的困顿”①。这就意味着，当这种自主的个人主义当道的时候，那就会在“言论自由权”与“健康医护权”之间设置难以跨越的沟壑，使得那些在诸如疫情这种非常时期的不幸者的权利得不到保护。这难道不是一种西方自己无法“超越西方”的困局吗?!

① Henry Rosemont, *Against Individualism*: *A Confucian Rethinking of the Foundations of Morality*, *Politics*, *Family*, *and Religion*, Lanham: Lexington Books, 2015, p. 111.

何以可能：偏向一种角色伦理?

作为服膺中华传统智慧的海外汉学家，罗思文义无反顾地走上了儒家之路。可具体该怎么做呢？他走上了何种不同于西方之路呢？他曾经对于古典儒学智慧的适用性有肯定也有否定，也曾宣称：我来回答古典儒家中能否找到人权以及由此而来的民主理念先在资源的问题。很显然，我的答案既是肯定的又是否定的。如果我们基于人是自律个体的观念将人权规定为公民与政治权利，那么我的回答是否定的。如果我们相信人的基本权利来自社群伙伴关系，即每个成员都将包括所有其他伙伴的公共福利视为己任的关系，那么我的回答便是肯定的[①]。这说明，当初罗思文激进反击西方的自由主义，但却更服膺社群主义理论，试图在儒家观念与社群理念之间进行嫁接，后来却有所转变。

最终，这位汉学家的确走向了个人主义的反面选择，那就是最终走了“角色伦理”（Role Ethics）之道。按照那种自主的个人

① ［美］罗思文：《谁的民主？何种权利——一个儒家对当代自由主义的批评》，载哈佛燕京学社主编《儒家与自由主义》，三联书店2001年版，第240页。

主义观念，那就可能存在一种“抽象的、孤立的我”，但是儒家角色伦理则认为，“在与其他按具体的人的关系方面，我是生活中所担任的许多角色的总和”[①]。这不仅令人想起马克思的那句名言——“人是社会关系的总和”，每个人的确是他所构成的一切关系的总和，这个观点在中国很容易得到认同，特别是在等级制颇深的儒家体制那里，但是西方汉学家却赋予了更多理想成分在自己心仪的儒家伦理当中，这使其把儒家智慧当作“西方的解药”。

按照罗思文的立场，西方执着于所谓“权利方位的个体”，而中国则立足于所谓的“角色方位的人们”，在英文当中这两种“人”恰好形成对峙之势。还有另一种表示方法，在论中国权威思想的内核时，罗思文所使用的术语则分别是“自主的个体”与“关联中的人们”，前者描述的是西方的人，后者描绘的则是中国的人。

所以，这位美国汉学家才会在这“非此即彼”的选择当中彻底转向儒家。遗憾的是，罗思文更多剥离了儒家的历史因素，而扩大了“角色”（role）一词在伦理学和认识论上的含义，并倾向于认定，“早期儒家会坚持认为，我不是扮演我与其他人和睦相处时的那些角色，我本来就是并成了那样的角色，因此，当明确

---

① ［美］罗思文：《论〈论语〉中从士到君子到圣（人）》，载复旦大学历史系和国际交流办公室合编《儒家思想与未来社会》，上海人民出版社1991年版，第331页。

规定了所有这些角色并弄清楚它们的相互关系时，我已完全被规定为一个独一无二的人，由很少几根看不见的不结实的细线穿成了一个自由的、独立自主的、进行选择的自我”[①]。这种对于儒家的定位，确实是有太过理想化的色彩，因为抽离了历史根基与现实效果，从而赋予了角色以某种先验化的地位。

罗思文一直在辩护说：“我用了‘角色’这个词，就是说，这些角色认识到我与某些人之间的关系会直接影响我与另一些人之间的关系，以致我‘扮演’这些角色这种说法会产生误解。相反，在孔子看来，我就是我所扮演的角色。从整体看，对我们每个人来说，这些角色构成一种关于人的身份独一无二的模式，这样，如果我的某些角色改变了，其他一些角色也必然会随之改变，坚持使我变成了另一个人。”[②] 尽管这位汉学家看到了角色变动的流动性，但却把角色概念抽象化了，每个人在层层关系网络之下，倒好似一颗洋葱，在层层关系被剥尽之后，最终发现这颗洋葱乃是“无心”的。然而，孔子却赋予了这颗洋葱以一颗“仁”心。

这便是“角色论”的错位，从中土挪移到西方的理解错位。就以“我”为例，我是父母的儿子、女儿的父亲、妻子的丈夫、

① ［美］罗思文：《论〈论语〉中从士到君子到圣（人）》，载复旦大学历史系和国际交流办公室合编《儒家思想与未来社会》，上海人民出版社1991年版，第332页。

② ［美］罗思文：《论〈论语〉中从士到君子到圣（人）》，载复旦大学历史系和国际交流办公室合编《儒家思想与未来社会》，上海人民出版社1991年版，第331页。

妹妹的哥哥，这是家庭关系，这也是最里层的关系。在血缘与亲缘关系之外，人就被置于公众领域当中，我在单位或者企业当中，我是其中的一位成员或者职员，这里面就有上级与下级。我还是老师的弟子、学生的老师、朋友的朋友、邻居的邻居，当然，只要朋友把我当朋友、邻居也把我当邻居的话，这里一般并没有多少主属与从属的关系。但是这织成了网状的“关系主义”，却被各种不同相互交织的具体情境当中的内涵所充实着，我们很难说，破坏了的兄弟关系会比密友关系更为亲密，这都需要具体情境具体分析，不能仅使用诸如“恕”这样的单纯儒家观念，来为更为复杂的等级制的缺陷加以辩护。

其实，就连汉学家本人都意识到了，这种角色取向的伦理学之哲学建构，都要面对儒学本身的缺陷：我对早期儒学的上述描写显然是片面的。有人很可能会问，我将如何解释儒家哲学的种种缺点呢？过去正统的中华帝国显然是信奉儒教的，但它远远不是天堂，儒家强调父权制，因此它主张性别歧视。儒学实行等级制，因此是实行杰出人物统治论。儒学提倡孝悌，也许为处理家庭、邻居和朋友之间的关系提供了可行的准则，但它未提出与陌生人相处，因此它没有发扬群众观念或社团观念，无法控制政府对其人民为所欲为的能力[①]。事实上，我们如今的现实恰是一种

---

① ［美］罗思文：《论〈论语〉中从士到君子到圣（人）》，复旦大学历史系和国际交流办公室合编：《儒家思想与未来社会》，上海人民出版社1991年版，第333页。

传统的创造性转化，也就是转化儒学当中的负面要素，从而创造性发展其中的积极要素，这才是更有价值的创造性的发展态势。

而在罗思文看来，将人作为自主与理性的个体就是错误的，其所使用的是意义匮乏的技术性词语，而这些术语在根本上是官僚主义的，因为它所强调的是法律、抽象逻辑和政策陈述编制，因为它所采用的皆为没有道理的假设性例证。由此而来，当代以权利为说辞的道德哲学家和政治哲学家们，他们与有血有肉的人的真实希望、惧怕、欢乐、悲哀、所想和所行，都不再有任何关联了。这其实指向了人类的另一个维度，也就是从聚焦理性到关注情感的转化，这也是我们为何提出“情理合一”的哲学与文明的根本理由。因为所谓抽象、逻辑、法律、政策无非都是理性建制的产物，而所谓希望、惧怕、欢乐、悲哀不就是人类的情感吗？由此而来的所想与所行，也就不是完全依凭理性规则而行动，而是走向了一种情理融合的“知行合一”。

西方纯理性主义的根源，往往被追溯到其哲学根源，法国近代哲学家笛卡儿常常成为“替罪羊”。当笛卡儿提出“我思故我在”，这也就开启了近代哲学的新路径，那就是日益抽绎出超出真实人的活动的纯粹认识活动，并且把心与身断然割裂开来，理性的“思维器官”所采取的是逻辑推理。这种理性主义与个人主义直接勾连了起来，因为使用这种理性，乃是作为个体的人的选择，理性也就成为了人的自主性的本质。当然，这种哲学探索应该追溯到古希腊的哲学这种曾经地域化的智慧之建构，但是近代以来的启蒙理性的确在笛卡儿的身心两端那里被赋予了标志性的确立。这其实就是从古希腊的“逻各斯中心主义”到近现代的“理性中心主义”的一脉相承的发展，但是却忽视了在中国本土的另一种哲思智慧，那就是让理与情之间始终保持一致，合乎“度”的平衡，不仅从未将情理割裂为两元存在，而且始终在二者之间寻求动态的平衡。

当汉学家们抓住“角色伦理”这根稻草，并试图以之为21世纪提供可能的伦理视角时，他们的确是走向了权利个体选择的反面去了。这种选择不得不说也是一种非此即彼的选择，不是西方错了东方对了，就是中国伦理才可以拯救西方，但是这种角色伦理的合法性、合理性与合情性都需要进一步反思之。我们要质疑的就是：走向了角色伦理的回归之路，就能决绝现代与后现代的诸多问题吗？问题似乎更为复杂与多元，难以给出一致的解答，也许目前还没有唯一的标准答案。

差序格局：本土化的人际关联

再回到人与人之间的关联问题。在这次全球疫情当中，中西方人群及其关联，产生了不同的应对方式。如果按照集体主义与个体主义那种过时的区分来看，中国人面对如此严格的“封城禁令”如此安分，乃是由于他们对集体主义的服膺，而欧美人对比较严苛的“居家隔离令”的反抗，乃是处于他们对个体主义的推崇。

俄裔美籍哲学家安·兰德甚至认为，当今世界的根本问题是两大原则之间的对立：个人主义和集体主义。“个人主义”认为，每个人都拥有不可剥夺的权利，任何他人或集体都不得剥夺其权利，所以，每个人都有生存的权利，并且是为了自己而生存，而不是为了集体的利益而生存。“集体主义”则认为，个人没有任何权利，他的工作、身体和个性都属于集体，集体为了自己的利益可以用任何方式任意对个人进行处置，所以，个人的存在需得到集体的允许，并且是为了集体而存在。兰德由此认定，这两种原则是两个对立的社会制度生成的根源，世界的根本问题就是两大社会制度之间的对立。

然而，这种“个人主义—集体主义”的二元论，抑或彼此对立，早就已经过时了。美国汉学家为中国“人”的观念很少积极辩护：“儒学对社会秩序的理解认为，个人与共同体的实现是相互依赖的。正因为这样，社会秩序不能以个人主义或集体主义两者必居其一的古典形式来理解。在西方的支撑这两种观点的主要思想在中国几乎没有任何影响可言。”[①] 然而，汉学家们对于20世纪以来的中国思想史还是缺乏洞见，20世纪中叶之后走向绝对化的集体主义，他们无法感同身受，其在20世纪80年代后仍占据主流意识形态的地位，因为“大公无私”被视为一种主流的美德抑或美德的主流。

毫无疑问，儒家站到了个人主义的反面，“在儒学视角看来，个人主义的缺陷是，它对以仪规为秩序的社会形成挑战，在这个社会里，个人的界线可能只是含糊地得到勾勒。儒学中的‘自我’并非定位很高或自成单体，而是一个角色与作用的复杂体。这些角色与作用又与一个人对其所属的各种群体组织的义务相联系。一个具体的人体现于人格化了的各种角色关系之中”[②]。这种汉学家就走向了角色伦理的另一极端，既然拒绝个人主义的立场，那就将每个人安置在固定的社会角色当中，这就把儒家界定

① ［美］ 赫大维、安乐哲：《先贤的民主：杜威、孔子与中国民主之希望》，何刚强译，江苏人民出版社2004年版，第129页。

② ［美］ 赫大维、安乐哲：《先贤的民主：杜威、孔子与中国民主之希望》，何刚强译，江苏人民出版社2004年版，第129页。

人的那种流动性与灵活性固化了下来，但这仍是一种典型的“汉化胡说”。这种角色伦理学以“个人身份”为基础确认人的角色，也关乎到了“自我实现”的含义，但是对后者的挖掘与弘扬却不够深入，且轻易地倒向对前者的确证与禁锢。

当然，汉学家这样说的另一层意思就是，确认人的角色，从任何意义上来讲，都不是一种集体主义。正如在西方文明传统中，所谓单体的自我，也就是单个的自我（the individuated self）的观念与践行，那是晚近才出现的文化现象，西方更久远的传统也是反个体化的。在中世纪之后，神权压倒人权千年之后，才迎来人为万物灵长的人性觉醒的新时代，但这也是古希腊“人是万物的尺度”的再度翻新。与西方不同，中国传统当中应该说从没有形成一种“自我”（self）的观念与践行，人从来就是在人与人的关系当中存在的，正如“仁”这个字的写法一样——除非这个世界上存在两个人，否则就没有人，人也不成其为人，这才是儒家要义。

人在地球上的出场，也只能以集体的方式出现，而从未有一个物种乃是单体出现，但却可能是单体消失的。当汉学家与中国学人倾向于用所谓的“关系主义”（relationism）来确立中国人的角色与定位的时候，恰恰忽视了用“关系”（relation）来界定中国其实还是远离了儒家：“儒家观念乃是一种将社会关系而非个体的人，看作基本社会实在的一种社会观念……甚至我们用‘relation’概念的方式来加以表达……然而，这都是非儒家的。

从儒家的立场看，个体的‘person’（亦即人）概念就是一种抽象概念。按照这种观点，‘pesron’是从将个体生理身体置入其中的诸多有意义的社会活动和社会地位里的创造性抽象。”[1] 但中国儒家所确立的“person”，其实并不是抽象的创造物，而是一种生成性的“persoing”（亦即“人的动态生成”），从而由此实现了人类经验的独特价值。

中国社会学家费孝通在其名著《乡土中国》中阐述中国以及西方的人际关系和社会架构，可以图示如下：

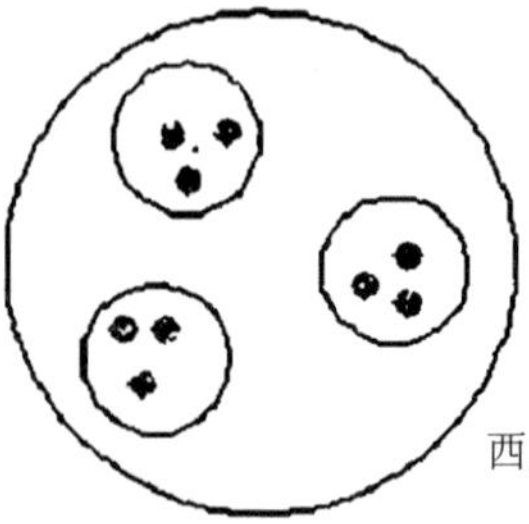

西方

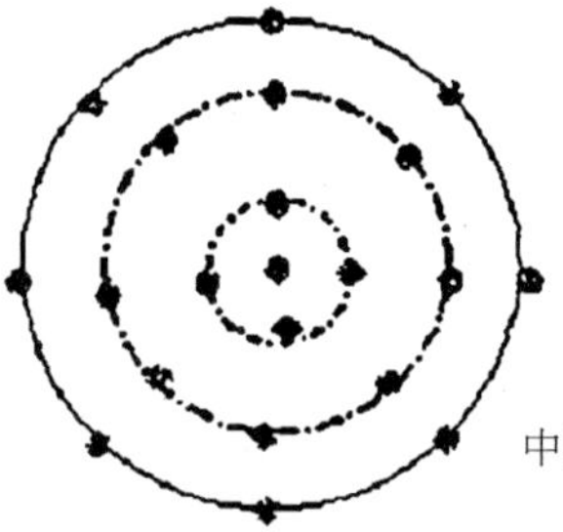

中国

这种格局从社会学的角度来看，就是所谓的“差序格局”。这是社会学家费孝通研究中国“乡土社会”得出的重要结论之一，它也基本适用于对中国传统的社会结构的解析，因为“乡土社会”在中国农耕社会当中是构成了基础的社会单元。

---

① Mary I. Bockover ed., *Rule*, *Rituals*, *and Responsibility*: *Essays Dedicated to Herbert Fingarette*, La Salle, IL: Open Court, 1991, pp.191-192.

遗憾的是，费孝通却始终没有给出“差序格局”以学术上的界定，但这四个字本身就可以让中国人顾名思义，但是究竟什么是“差序格局”呢？费孝通给出了一个著名的“同心圆”的隐喻(metaphor)，试图来描述他所提出的“差序格局”理论，在1948年出版的《乡土中国》里关于其描述主要在于如下三点：

> (1) 以己为中心，像石子一般投入水中，和别人所联系成的社会关系，不像团体中的分子一般大家立在一个平面上的，而是像水的波纹一般，一圈圈推出去，愈推愈远，也愈推愈薄。
>
> (2) 我们社会中最重要的亲属关系就是这种丢石头形成同心圆波纹的性质。亲属关系是根据生育和婚姻事实所发生的社会关系。从生育和婚姻所结成的网络，可以一直推出去包括无穷的人，过去的、现在的和未来的人物。
>
> (3) 我们的社会结构本身和西洋的格局不相同的，我们的格局不是一捆一捆扎清楚的柴，而是好像把一块石头丢在水面上所发生的一圈圈推出去的波纹。每个人都是他社会影响所推出去的圈子的中心。被圈子的波纹所推及的就发生联系。每个人在某一时间某一地点所动用的圈子是不一定相同的。

从这种列举可以得见，(1) 所言说的“己”乃中国人的社会同心圆的核心，由这个核心来拓展出整个的社会关系，正如水波的扩散后有远近和薄厚一样，近则“亲”，远则“疏”。这恰恰是儒家的社会建制。

在原始儒家那里就已经奠定了这样的思想：一方面，爱是有“等差”的，爱是因亲疏而有别，墨子的“兼爱”在儒家看来则是一潭死水；但另一方面，极远的关系也是可以由“己”推导出关系来的，从“身”到“天下”是一脉贯通的，每个人都要承担相应的、有差别的社会责任。

既然已经确定了同心圆的“圆心”和“圆圈”的基本格局，那么，从圆心到各个逐渐扩大的圆圈，其间所维系的最基本的关系是什么呢？(2) 回答了这个问题，按照费孝通的意见，就是居于最内核地位的就是“亲属关系”，换言之，最小的同心圆和趋近于最小的同心圆，其基本关系都是亲属。当然，这种亲属关系既有上传下承的纵向的“血缘关联”(在费孝通看来其核心就是“生育”)，又有相互结合的横向的“婚姻关联”，由此构成了纵横交错的社会网络，儒家思想和制度就置嵌在这个社会网络之中。

中国这样的“同心圆”的社会结构，显然是同西方相对而出的，(3) 恰恰在言说这样的社会结构的比较事实。西方社会的格局被比喻为捆柴，几束成一扎，几扎成一捆，几捆成一挑，同扎、同捆、同挑的柴是不会弄乱的，这被用以比喻西方的由社会团体组成的社会结构。比较而言，中国社会则形成了一个个不同的同心圆，这种附带在每个人身上的社会关系具有流动而非相对固定的性质，会随着时空的转变而产生微妙的变化，而不像西方那样连同一团体内的等级与组别都似乎是先规定好的。

在我看来，这种精妙的解析似乎缺少了什么，它的确把握住了中国传统社会静态结构的特质，但是却失去了对于社会内在关系的动态分析。我们由此继续深入来解析，（1）对于同心圆的格局的解析固然没错，从社会结构来说，“己”也是绝对的核心。“是故君子有诸己，而后求诸人；无诸己，而后非诸人”（《大学》）。但问题是，从哲学的角度来看，“己”或者“身”是逻辑起点吗？似乎儒家所论述的“性”“心”之类都在“身”之前，或者说，费孝通关注的只是“身”与“身外”及其关系的问题，却没有考虑到“身内”的问题，而这些问题在儒家看来才是缘起性的问题。这个缘起性的问题，在我看来，就密切关乎于“情”。

在费孝通那里，（2）也抓住了同心圆的居于中心区域的层面，特别是生育与婚姻，确实把握住了中国社会关联的血缘与非血缘的两个核心要素。但是我们要问，在这些居于中心区域的层面之外，这个同心圆究竟是如何拓展和扩充下去的呢？难道是将亲属关系简单地套用到非亲属上面去吗？为何在某种语境下存在为了非亲属去“舍生取义”而不是为了亲属呢？还有，“亲亲相隐”之类的现实冲突问题如何解决（为了维系亲属关系可以逍遥法外吗）？

在中国学术界，“亲亲相隐”的问题目前已经形成了激烈争论，但是，这种争论却往往忽略了一种语境的错位，也就是说，在指责“相隐”的缺失的时候，往往预设了一种现代法律观念在其中，按照这种观点包庇无疑是一种罪过，不论是对亲属（甚至是父子）还是对非亲属，都是一视同仁的。在“亲亲相隐”的情境当中，亲属关系似乎适用的范围是有限的，因为，对其他社会成员必定不可能都以亲属关系待之，那么，一种泛化了的“大情”，而非囿于血亲和婚姻关系的“小情”，在居于非中心区域的层面，就开始扮演了重要的角色。而且，越到同心圆的边缘，“小情”就越不起作用，而“大情”的作用则往往相反。

从中西社会比较的角度看，(3) 也确实洞见到了西方社会的个体存在的“原子主义”的事实，但是，似乎矛盾在于，为何费孝通指出了“差序格局”当中的个体也好比是圆心，这不就好像主张中国式的一种自我主义吗？然而，必须从哲学的角度看到，“中国人关心自己时，其重心并不在于自我（ego）而更多在于自身（the self），即以身体为单位的自己，因此也许更好的说法是‘自身主义’”①。

如果从哲学的角度来看，即使是最为极端的杨朱的“重己”的主张，那种“全性葆真，不以物累形”（《淮南子·氾论训》）的观点，实际上也是一种在中国思想当中最为极端的自身主义，

① 赵汀阳：《身与身外——儒家的一个未决问题》，《中国人民大学学报》2007年第1期。

而非以人为万物尺度的主体性的张扬。这种解析无疑是正确的，区分出了两种不同类型的社会中的个体差异，许多汉学家和中国学者都由衷地赞美中国的“人本主义”和“个体思想”，其实是用西化的话语模式来阐释中国本土的思想。

我们还要继续追问一句，在同心圆圆心的这个人，同西方社会内的“个体”之间的差异在哪里？他既然是出于关注亲属关系的圈子内的个人，同时也是将情感关系扩大化到同心圆边缘的个人的话，那么，“情”的要素在中国传统个人的“身内”就变得更加重要了。

质言之，作为中国传统社会结构的“差序格局”理论，所言说的更多是“差”和“序”，也就是等级的不同与次序的分殊，但是却相对忽略了“和”的另一面，而维系这种有差别的统合（亦即“和”）而非无差别的统合（亦即“同”）的关键要素，在我看来，就在于往往被忽略了的“情”——“人之常情”之“情”。

世界主义："人失之，人亦得之"

这次新冠肺炎疫情在全球弥漫之际，不仅人与人之间矛盾冲突凸显，而且国与国之间的冲突也不断升级。在关乎拯救生命的抗疫物资运送过程当中，出现了数次“截流”的现象。

2020年3月中旬，德国海关以非法出口的理由，强行扣留了一批准备送往美国的口罩；到了4月初，德国从中国订购的20万个口罩在曼谷机场被美国劫走，尽管德国已经付款，但是还是被美国加价买走。

2020年4月2日加拿大民间机构为魁北克医院从中国订购了一批口罩，为了赶时间，选择了送货最快的敦豪货运（DHL）公司，但口罩马上就要到达目的地时，却突然消失了。原来根据特朗普此前宣布的国防生产法，不仅禁止本国医疗物资出口，而且还要求在国外的美国企业全力出口医疗物资到美国。所以事情结果就是，美国公司在加拿大把加拿大的物资劫走了。这种行为被戏称为“现今的海盗行为”。

再从一个“非常”的例证谈起：2013年7月6日，韩亚航空的客机在美国旧金山着陆时发生事故，两名中国人死亡，韩国

《东亚日报》下属的A频道主持人尹庆民在播报时却称："是两名中国人而不是韩国人在事故中死亡，从我们的立场看，真是万幸啊。"这则报道在东亚社会引发了轩然大波。究竟什么是从"我们的立场"看呢？在这个事件当中，就是指"全体韩国人"的立场。但这种立场起码违背了所谓"世界主义"（cosmopolitanism）的基本原则，因为世界主义是以人类为本的。对于空难的同情，应建立在人道主义的基石上，同情的对象理应包括所有受难者，而非仅仅从种族或民族的角度来加以归类。

这不禁令人想起一个掌故，根据《说苑》记载："楚共王出猎而遗其弓，左右请求之。共王曰：'止！楚人遗弓，楚人得之，又何求焉？'"这则故事是说，楚王打猎不慎丢失了爱弓，却不让左右侍从去寻找，他给出的解释理由便是，反正都是楚人得到它，为什么还要去找呢？

所谓"楚人失之，楚人得之"，这近似于一种"国家主义"的逻辑，就像当今的民族国家仅从自身立场来考量得失一样。然而，国家主义却是相对封闭的一种政治思想，它具有典型的利己而不利他的本性。譬如，气候问题如今应由世界各国共同承担责任，而许多发达国家却将污染严重的工业转到第三世界国家去了，只求本国没有污染问题，而不去考虑他国的污染问题，这便是国家主义的偏狭之处，反之亦然。

中国的儒学家并不如此这般狭隘，他们有着独特的"天下关怀"。《孔子家语》里又衍生出这样的故事："楚恭王出游，亡乌嗥之弓，左右请求之。王曰：'止，楚王失弓，楚人得之，又何求之！'孔子闻之，曰：'惜乎其不大也，不曰人遗弓，人得之而已，何必楚也。'"这掌故是说孔子听到楚王之事后，叹息其心胸不大，不如说人丢弓、人得之，何必一定要说"楚"呢？这恰恰说明，儒生们早就有了回归人类本身的"世界主义"的立场，楚王失弓从楚国的利益考虑，不若从人类的角度出发，"人失之，人得之"，这岂不是能走向更为宏大之心胸了吗?

故事还没有完，《吕氏春秋》续写了楚王失弓的故事："荆人有遗弓者而不肯索，曰：'荆人遗之，荆人得之，又何索焉?'孔子闻之曰：'去其荆而可矣。'老聃闻之曰：'去其人而可矣。'故老聃则至公矣。"这个续写的故事说的是孔子只是看到了"人"，老子听到后则说连"人"都可以去掉，所谓"失之，得之"，这样才能符合天道呀！

如此说来，孔子还是个"人类主义者"，老子的智慧似乎更高明，他才是真正的"宇宙主义者"。实际上，"世界主义"这个术语之英文 cosmopolitanism，前半部分 cosmos 原义就是"宇宙的"，而后半部分 polita 原义则为公民权，难道世界主义者就是"宇宙公民"吗？这其实倒符合了中国道家的本意，不过庄子说得更为超脱——"天地与我并生，而万物与我为一"也！

其实，孔子的思想还有另外的一面，强调乡亲故里的亲缘关联，这构成了儒家孔门的血缘与地缘根基。当韩国这个至今儒家文化仍盛的国度的电视主持人，从所谓“我们的立场”来看问题并引发争议，其背后恰恰也有儒家文化的内在左右。这是由于，儒家明确表示“爱有等差”，与你亲近的人更能分享到你的情义。由此外推，就像一个个同心圆一样将“儒家之爱”层层推将出去，这结构纵轴的核心就是父母与子女，横轴的核心则是夫妻，前者是通过生育来实现的，而后者则是通过婚姻来造就的，正如上一章所呈现的“差序格局”那样。

当今的西方学者在大谈所谓“世界主义”的时候，一方面超越了儒家的亲亲序列，另一方面也忘却了伦理的情感根源。他们在构造世界主义的时候，往往呼吁的是全球正义的西化理念，但是，正义的全球化在民族国家间的政治博弈里，实在是难有实现的可能。西方学者对已归入反人类罪的种族灭绝与大屠杀的伦理基础进行了世界主义化的哲学证明，这毫无问题，但将某个小的种族群体的被迫害（只要出于种族迫害的主观意图）归入其中，则显得“小题大做”而太过牵强了。

其实，我们不能给世界主义以某种“应该做什么”的乌托邦目标，而只能设定“不能做什么”的伦理底线。墨子虽倡导极端实用主义但却又有无等差的“大爱”观：“大夫各爱其家，不爱异家，故乱异家以利其家。诸侯各爱其国，不爱异国，故攻异国以利其国。天下之乱物，具此而已矣。察此何自起？皆起不相爱。”（《墨子·兼爱上》）然而，问题便在于，人与人之间、国与国之间的“爱的距离”都是相等的，这是可能的吗?

所以，在民族主义向世界主义融汇的过程中，从现实的角度看，儒家更胜墨家一筹，从理想的角度看，中国式的爱有等差而又能博爱的民主主义也是可能的，也是拥有着未来前景的，这种符合"情理合一"原则的国际关系在"后疫情时代"也比较适宜。这也是从情理结构看待"世界关系主义"的一种结果，如果情理原则可以运用到地缘政治和国际关系中的话。

笔者始终坚持一种"温和的民族主义"的观念[①]。这种"中国化"的温和民族主义包括对外与对内的两种节制：对外的节制，表现为掌握适度地融入世界主义的"度"，尽管完全融入则民族主义将不会存在，但温和的民族主义绝不是拒绝世界主义的民族主义，而是试图融入全球体系并做出本民族该做的，从而融入世界主义的拼图架构当中；对内的节制，表现为掌握适度地收敛民族锋芒之"度"，变成民生与民权所限制的民族主义，如果没有民生为根基，民族主义就会牺牲民生（如为不必要的战争而消耗经济)，如果没有民权为前提，民族主义就会伤害民主（以虚假民族大义为名牺牲个体自由)。

中国式的民族主义，对内是实行"仁政之治"，对外实施"王道之治"，仁政就不是"苛政"，王道就不是"霸道"，这才是具有中国性的民族主义的积极内核所在。如此一来，民族主义的

---

① 刘悦笛：《走向中国式的"温和民族主义"》，《南国学术》2017年第3期。

温和形态，就可以警惕内部独裁的“大一统”观念与实施，外部则反对那种“天下帝国”的发散型的观念与践行，这种“温和的民族主义”难道不可取吗？当然可取！

中式孝道：救治应有优先伦理

2020年3月，随着疫情持续恶化，医疗资源日益紧张的意大利医护人员被迫做出艰难的决定，那就是先救生存率高的病人。据美国政治新闻网站Politico在报道中所称，这意味着医护人员会优先考虑相对年轻、没有其他疾病的人，而不是老年人或已患有基础疾病的人。

那么，谁的生存率更高呢？一般而言，青年人要比老年人的生存率更高，这是大致上可以肯定的。当然个例除外，比如在一位病入膏肓的年轻人与一位健康的老年人之间，后者要比前者更具竞争力。通常来说，救治了年轻人，他余生所剩的时间，相比救治一位老年人，更长久一些，这就非常容易导向一种“功利主义”的选择。

意大利医生的这种优先救治的原则，其实就意味着，将优先救助相对健康的年轻人。意大利医生形容这一举措为“战时举措”，经历过第二次世界大战的意大利人对此应该并不陌生。战争构成一种特殊状态，那时候生命得不到保障，更不要说是普遍保障，二战期间意大利死亡人数约为20万人，在那个非常时期，先救治谁就要做出择取，这是“没有办法的办法”，是权宜之计。

就在这个消息被报道之前的3月7日，意大利麻醉学和重症监护委员会曾发布文件，建议临床医生“在资源匮乏”的情况下，考虑包括病人的年龄和生存可能性来分配床位，而非“先到先得”。一般，医院的急诊，谁先到就先救治谁，而且要马上进行救助，一般不会根据病人的情况来做出先后选择。但是在战争时期，战地医生在收治战地上的伤员时，由于战地医治条件的限定，要做出实用化的选择，救治更可能活下来的伤员。

当时的意大利就面临了近似的境况，比如疫情最严重的伦巴第大区，为了救治更多的新冠肺炎感染者，就要增加重症加强护理病房（ICU）的容量，所以就将手术室和康复室改造成隔离病房，以提供给当时急需治疗的440名重症患者。尽管3月初前后的两周内就临时增加了150多个床位，但还是远远不够的。根据当地时间3月10日的报道称，伦巴第大区尚有大约900张床位可供需要重症监护的患者使用，但在贝加莫、洛迪和帕维亚等地区，医院床位使用却已接近饱和。伦巴第大区重症加强护理病房负责人安东尼奥·佩森蒂在接受意大利媒体采访时说，尽管伦巴第的医疗体系已在意大利处于领先水平，但如今也已经陷入崩溃边缘，他们不得不在医院过道开设重症护理病床。

面对这种ICU严重短缺的情况，意大利麻醉学和重症监护委员会（SIAARTI）才发布了包括“临床伦理学”在内的15条建议，以作为决定是否病患转入ICU的参考意见。在SIAARTI官网发布的这份明文规定里，首先就废除了“先到先得”的原则，而采取了功利主义的选择，各位临床医生“在资源匮乏”的前提下，考虑包括病人的年龄和生存可能性来分配床位。这不仅适用于床位，还适用于ICU的选择，同时，也适用于在人手不够的情况下，谁能优先获得病床抑或优先得到呼吸器。这也是在床位和医疗用品紧缺的情况下，迫使一线医生要做出的艰难选择。

意大利麻醉学和重症监护委员会负责人吕基·里乔尼作为一位麻醉学家，他就表示：“我们不想歧视（任何病人）……我们知道，与健康人相比，极其脆弱的病人无法忍受一些治疗手段。”里乔尼此前参与撰写了新冠肺炎患者优先处理原则的医院指南。意大利急救医生克里斯蒂安·萨拉罗利在接受西班牙《世界报》采访时表示，已经开始对病人进行“分级”，根据年龄和健康状况对病人进行选择救治。除了年龄和总体状况外，他们还会考虑患者从重症监护室出来后的恢复能力。萨拉罗利还表示，这一举措“就像在所有战争中一样”，这是他们在医学院从来没有学过的情况，但问题是，对抗新冠肺炎疫情时段毕竟不是战争时期吧。

意大利这一举措也引发了英国各界的关注和担忧。意大利的医疗资源，尤其是重症监护资源已经优于欧洲不少国家，那么其他国家所面临的情况会更加严峻。于是，英国的医疗系统已经开始讨论，在最坏情况之下，是否要效仿意大利“先救年轻人”呢？《纽约时报》驻英国调查记者简·布拉德利表示：“如果意大利已经到了必须优先治疗有更大生存概率的年轻病人的地步，那么英国和英国国民保健服务（NHS）可能即将面临同样的重大问题。”

另据英国《每日快报》报道，英国国民保健服务也将面临意大利那样的伦理抉择。英国卫生事务方面最高级的政府顾问、首席医疗官克里斯·惠蒂教授表示，英国的医院已经开始讨论，如果最坏情况的预测被证明是准确的，他们需要在没有足够的床位、呼吸机或护理人员的情况下，对那些最有可能存活下来的人实行有限定量的护理。惠蒂表示，他担心医疗人员受到感染，如果三分之一的医生和护士被隔离，届时将无法应对（疫情）。如果发生这种情况，将没有能力为那些需要紧急手术治疗阑尾炎、血栓等的病人提供医疗服务，届时病人会得不到有效治疗，毫无必要地死去。惠蒂说：“最大的挑战将是维持麻醉服务，麻醉人员面临的风险最大，因为我们处理的是病人的呼吸道。”

这是因为，意大利医疗条件，尤其是重症监护室床位的人均数量，在整个欧洲国家中还是相对较高的。爱尔兰、荷兰、芬兰、希腊、瑞典、苏格兰、威尔士、北爱尔兰和葡萄牙的重症护理床位要比意大利少得多。意大利的伦巴第已经扩大了其ICU和重症监护病床规模，欧洲其他地区还真没有这样的医疗条件，但是当时的困境还在于，多达10%的新冠病毒感染者需要重症监护，这导致各国的医院都已经不堪重负。在这种紧急情形之下，意大利的救治的“优先原则”是否合理呢？是否合情呢？是否既合情又合理呢?

实际上，意大利此举在很大程度上违背了生命伦理，具体而言即生命伦理四原则当中的“公正原则”，亦即人人享有合理平等的医疗卫生资源的原则。

生命伦理学原则被分殊为“有利原则”“尊重原则”“公正原则”和“互助原则”。“有利原则”断言了行动者维护或增进他人利益的义务；“尊重原则”断言了行动者尊崇他人、视他人为一具有自身目的的利益主体的义务；“公正原则”是指根据一个人的义务或应得而给与公平、平等和恰当的对待，不应分性别、年龄、肤色、种族、身体状况、经济状况或地位高低，决不能进行任何一种歧视；“互助原则”断言了行动者与其他人团结互助的义务。

与西方人采取这种方式相反，中国的“孝道”原则，则要求对年长人的关怀与偏护。实际上，“孝道”乃是一种反馈机制，父母对儿女的关怀往往是自然而发的，具有自然进化论的根基，但是反过来，儿女出于养育之恩对于父母的反馈，则更多是通过后天的教化与濡化而成的。《孝经》所谓“父子之道，天性也”，讲的是父慈子孝乃是天性，恐怕只说对了一半。父对子“慈”，这是先天进化的天性；子对父“孝”，则是后天累积的人性，在儒家那里看似是先天的，实乃为后天积淀而成的。按照《孝经》秉承的“男权主义”模式，只讲夫子，不讲母女，但无论对于儿子还是女儿的“慈”，其实都更具有先天的本性。

日本1983年曾有一部令人震撼的电影《楢山节考》上映，

讲述了一个伦理选择的故事。日本古代信州有这样一个贫苦山村，由于粮食长期短缺的生存竞争，形成了一种特殊的习俗：男人一到70岁，女人一到60岁，就要由儿子背到村后的楢山上去，任其自行灭亡。这样做的依据被习俗化了，说是为了供奉山神的风俗，但是实际上却是一种伦理实用化的选择。再往前追溯到原始时代，那时候为了群落的生存，将食物给更年轻的族类，抑或抛弃没有劳动能力的老人，这大概是当时为了更大生存目的所做出的必然选择。这种放弃老年生命的现象，在现代社会当中的战争、饥荒、瘟疫等非常时期也都屡屡出现，何况原始时代乎?!

这就关乎“推爱”的问题，为何父母推爱到子女那么自然，子女推爱到父母，就不那么自然了？将这个模式推论到面对新冠肺炎疫情的选择，大多数老年人并不是医生们的父母，他们也没有责任对其付出“孝道”，但是这些老人还是别人的父母，他们难道没有责任去善待老人吗？在东方所具有的那种尊敬老人的传统，其实也是来自儿女对于父母的孝道，乃是从更亲近的“亲爱”推广到更疏远的关系上去的。这就是儒家的“推爱”模式，从最亲近的人开始推，一圈又一圈而层层扩大，从而推广到与“己”关系更远的人际关联上去。

然而，与东亚社会比较，“在自由主义的西方社会，孝道的价值不可能产生出同样的共鸣。我们同意国家的道德强制义务乃是为了保障‘至关重要的人类利益’，可是，老年人在受子女赡养问题上具有迫切的利益这种看法，在东亚社会之外就不是那么理所当然了”[①]。西方与东亚对待“孝道”的立场与做法，直接影响到了他们面对这次新冠肺炎疫情时的伦理选择。于是，意大利出台的这种救治的“优先原则”，就与东亚社会的“孝道准则”背道而驰了。这也恰恰说明，不同的文化意识与社会观念对人类这次抗疫的影响之差异也。

但无论如何，正如世卫组织卫生紧急项目执行主任迈克尔·瑞安所言说的那样：目前在世界上，那些抗疫措施不足或没有采取任何措施的国家，如果以牺牲一些老年人为代价，将老年人置于优先救治之外，那么，就会神奇地获得群体性免疫的效果，但可以肯定的是，“这是非常危险的计算”。瑞安表示，相信世卫组织大多数成员都不愿意做这样的计算，负责任的国家会珍视社会里的每一个成员，尽全力保护所有人的健康，同时保障社会、经济等其他领域稳定。当然这是一个非常美好的愿望，而在现实选择中，确实需要做出一种既符合原则又有所权衡的适宜选择。

---

① ［加］贝淡宁：《民主先生在中国：东方与西方的人权与民主对话》，孔新峰、张言亮译，左岸文化事业有限公司2009年版，第102页。

源发同情：从恻隐之心到关怀移情

在还是极少数人被感染新冠病毒的时候，大部分人都对被感染者采取了“同情”（sympathy）的态度。这种人与人之间的同情，背后有个心理学的动力，那就是“移情”（empathy）。在疫情刚起之时，曾看到印度的萨古鲁对中国疫情的视频解答：如果因为疫情被隔离，那也不该来自歧视，而是源于同情，最适宜的姿态就是——让我们优雅地对待疫情吧！

这就需要一种源发自人情的关怀，由此形成一种“关怀伦理学”。从这种伦理学来理解关怀的人，也倾向于从关系主义来解读个体，这倒与中国思想颇有几分近似之处。关怀伦理学重视关怀的关系……关怀关系要求相互性，而培养相互性的方式是在人类生活相互依存的各种背景之中……关心之人将在相互依赖的个人、政治、经济和全球的背景中培养相互依存性[①]。在这个视野之下，包括中国人在内的东方人之间的关联模式，在应对疫情过

① ［美］弗吉尼亚·赫尔德：《关怀伦理学》，苑莉均译，商务印书馆2014年版，第83－84页。

程当中可谓更得心应手。

当然，处于一种特殊的关怀当中的，起码存在两种人，一种是主动发出的“关怀者”，相对的另一种则是被动接受的“被关怀者”，二者构成了互动关联。在关怀实施的时候，就会实现一种视角转化，这是由于，“关怀意味着走出自己的个人框架（personal frame）而进入别人的框架，当我们关怀时，我们参考别人的思考角度、他的客观需要以及他对我们的期望。我们的注意力，我们的关注在被关怀者身上，而不是我们自己”[①]，这就不属于同情的范围了，而是进入了“移情”的心理疆域。因为移情才会不仅感受到他人的感受，而且会对他人实施关怀。

新冠肺炎疫情在全球传播的时候，一种引发共鸣的主题得到了关注，那就是关怀！关怀的心理前提，其实并不是同情，而是移情。因为，在移情的心理状态当中，关怀的发出者可以被其他人的经验所感动，以他人的情境去想象自己，想象自己深处他人的情境当中，从而对他人的心灵状态进行推断，由此发动了人类的关怀。

正是这种人类之间的关怀，才能提供拯救新冠肺炎疫情的“情感动力”，由此使得我们的关爱范围，从自己的家人和亲朋们推到更广的人际世界。人类作为群居的物种，实际上继承了两种

① ［美］内尔·诺丁斯：《关心：伦理和道德教育的女性途径》，武云斐译，北京大学出版社2014年版，第12页，原译“关心”改为“关怀”。

高级灵长目动物的基本倾向：一种是自我为中心的，另一种则是互惠相助的，但是后者却是前者的基础。或者这样说更为准确，人类之间如果缺乏了互惠相助，那就不会出现社会性，也就无法步入人类的历史进程了。在对于社会的基本定位当中也有两种看法，一种就是把社会看作众多个人的集合，这些个体则是一群“生物人”；另一种则是把社会里的个人视为群体内的人，这样的社会成员才是“社会人”，显然后一种倾向恰恰使人脱离了动物群体，从而成为“社会的人”。

所谓“成也萧何败也萧何”，同时，我们必须看到，作为群居动物的人类，恰恰由于这种群居的本性，让这次新冠病毒对我们自身造成了极大的伤害。我们越是需要群居在一起，相互之间的交往愈是紧密，那么，感染新冠肺炎的概率也就越大。事实也是如此，疫情的严峻形势，把我们彼此分开了，也就是一定程度上远离了群体性，但是没有人会脱离这种群体而存在，除非他从孩子时代就成为“狼孩儿”。但是要相信的是，这种隔离会逐渐消失，隔离也终将会结束的，除非疫情会与人类相伴而终，但这可能性也并不大。

我们甚至可以说，这种合作的本性，已经嵌入到人类的基因当中了，不仅成为我们的社会性的一部分，也化作了我们自然性的一部分。疫情尽管隔离了人们，但是，社会团结却在疫情来临之后，变得更加必要。所以，这次新的疫情的出现，让我们看到人类之间的关怀的复苏，我们不是回到生存竞争严酷的石器时代，也不是回到冷酷无情的凯恩斯主义时期，而是要进入人类之间相互关爱需要得以提升的新时段。既然人类作为群居的合作本性早已不可逆了，那么，在疫情当中的局部封锁和社会距离都将不再是障碍，在最需要帮助的地方都需要他者伸出援手。随着这种人际联系的重建，我们见证着这个星球上人类生命不可动摇的互惠互助基础。

这次新冠肺炎疫情，也许就是这样的一个历史契机，让人们重新意识到，我们彼此之间相互关联起来的新的可能性。这也许就是由“祸”转“福”，因为能让人类重归于好的，就是那些曾让我们得以分离的东西。我们也许就身处在这个向“后疫情时代”过渡的时代，在此，中国人以他们的知“情”达“理”度过疫情的智慧，可以为这个世界提供一种重新联结起来的合情合理的基本原则。

实际上，中国儒家的那种“恻隐之心”，也可以对此做出重要贡献。这就要回到孟子所论的“四心”:“所以谓人皆有不忍人之心者，今人乍见孺子将入于井，皆有怵惕恻隐之心。非所以内交于孺子之父母也，非所以要誉于乡党朋友也，非恶其声而然也。由是观之，无恻隐之心，非人也；无羞恶之心，非人也；无辞让之心，非人也；无是非之心，非人也。恻隐之心，仁之端也；羞恶之心，义之端也；辞让之心，礼之端也；是非之心，智之端也。人之有是四端也，犹其有四体也。”（《孟子 · 公孙丑上》）

孟子所说的“四端”，同时也就是“四心”。“心”在孟子那里不仅是善心本意，而且也是认知心，在道德权重之间做出衡量，所谓“权，然后知轻重；度，然后知长短；物皆然，心为甚”（《孟子·梁惠王上》）。当这“端”与“心”合一，也就是情与理的统一，情理在孟子那里本是浑然为一的。

在孟子论述“乍见孺子将入于井”之时，也就是当人见到一个小孩儿匍匐前进马上就要掉进井里的时候，他认为人“皆有怵惕恻隐之心”。这个“怵惕恻隐”，是否就对应于西方意义上的“同情”，似乎也是存疑的，尽管二者之间有着近似与类通之处。中国人的“恻隐”，大概是同情的一个特殊种类，其中当然有怜悯之义，但还有担心的意思，还有警惕戒惧的某种含义，所谓“日夜怵惕，修身正行”，修心亦是时时谨慎为之的。更重要的是，当见此伦理情境之时，人们并未考虑与孩子父母的关系，也不是为了在邻里友朋当中获得赞誉，甚至不是厌恶孩子的哭声，而是产生了人同此情的道德直觉，所以，才毫不犹豫地采取了救助行为。

父母关系与邻友美誉常常被视为理性的，而恻隐所带来的行为则似乎完全为情所控。孟子“试图根据道德情感（如同情）的即时性来排除弗洛伊德的动机和感觉到的动机的二分，即已表现出来的动机和感觉到的动机的可能性，也排除了曲解的可能性”[①]。在潜意识与意识之间，“表现出来的动机”就是端，“感觉到的动机”就是心，孟子并未明确区分二者，从前者到后者即时实现的。但与此同时，从端的发动、心的意识再到实施行为，也是并无分际的，关键在于，从端、心到行，为何要做出伦理行为呢？在情感运作当中已无意识地做出了评价——救孩子是对的，不救是错的。这也是一种准理性的策略，只不过在恻隐之情实施的瞬间，这种理性更为潜在与隐匿罢了。

按照动物行为学家和生物学家弗朗斯·德瓦尔的权威意见，孟子之所以从科学原则来看是正确的，就在于孟子所论的同情心也是为灵长目的动物所具有的，而人性善恶问题则只能给出或然判断，“我完全赞同孟子的观点。演化造就了遵循真诚合作冲动的物种。我不知道在内心深处人们是善还是恶，但我认为：每个人的每一个举动都是出于自私的计算，而他又对别人（且常常对自己）隐瞒了这种计算——这种看法似乎就太高估了人类的智力，更不要说其他动物的智力了”[②]。在动物界这样的例证比比皆是，如安慰受挫折者，保护他者以使免受攻击，还存在大量关于人类“拟他性同心与同情”能力及其现象的文献，这些文献通常都支持孟子的观点，“首先出现的是同情冲动，而理性的考虑

① ［荷］弗朗斯·德瓦尔：《灵长目与哲学家：道德是怎样演化出来的》，赵芊里译，上海科技教育出版社2013年版，第54页。

② ［荷］弗朗斯·德瓦尔：《灵长目与哲学家：道德是怎样演化出来的》，赵芊里译，上海科技教育出版社2013年版，第55页。

则是后来的事情”[①]。

然而，德瓦尔的科学结论，却是建基在对孟子的误读基础上的：第一，彻底忽视了“人禽之别”，而这恰是孟子立论的基石；第二，只讲四端之恻隐一端，孟子的观点更为全面完整；第三，将情与理割裂开来，情先理后，而无视于孟子的“情—理结构”。

这就要回到“动物情感”的问题，哪些情感是为人与灵长目所共享的，而又有哪些情感为人所独具呢？先看孟子的四端与四心。恻隐之心，为灵长目部分具有。但羞耻之心，灵长目有吗?辞让之心与是非之心，恐怕更非动物性的。许多动物学家甚至认为灵长目有道德关联，但哪怕认同这种观点，动物也无法做出道德判断，没有道德上的是与非之分，尽管动物有意识也有知觉。尽管诸如孟旦这样的哲学研究者与德瓦尔这样的科学家都将孟子与当今生物学做了某种嫁接，但是，孟子的本意却是将人与动物区分开来，这同当今生物学（包括各种形态的社会生物学）的“人兽未分”是南辕北辙的。

孟子认定，从外部来说，人禽之辨在于人伦：“人之有道也，饱食、暖衣、逸居而无教，则近于禽兽。圣人有忧之，使契为司徒，教以人伦”（《孟子 · 滕文公上》）。从内部说，在于仁义：“人之所以异于禽兽者几希，庶民去之，君子存之。舜明于庶物，

① ［荷］ 弗朗斯 · 德瓦尔：《灵长目与哲学家：道德是怎样演化出来的》，赵芊里译，上海科技教育出版社2013年版，第55页。

察于人伦，由仁义行，非行仁义也”（《孟子·离娄下》）。孟子相当接近当今生物学的定论，人与动物的DNA（脱氧核糖核酸）差异是极小的，就像孟子讲人禽之别是很少的一样，关键在于内行仁义、外教人伦。孟子不仅仅重道德的生物根源，而且对于仁义教化同样注重。

再回到情之动的问题，移情与同情不同，它们往往被混淆起来。这empathy（移情）与sympathy（同情）看似接近，但是却大有差异，同情不是切身体会的，没有身心之感同身受。同情经常表现为对于他人的不幸遭遇的怜悯之情，但是一般不伴随不愉快甚至痛苦的体验。compassion则是英文中常用的词汇，由代表共同的com与意指激情的passion两个词共构而成。亚当·斯密就把同情当作人们对任何一种激情的同感：“同情或同情感一词，虽然原义也许是相同的，不过，现在如果用来表示我们与任何一种情感同感共鸣，或对它产生相同的情感，或许没有什么特别不恰当之处。”①

任何移情的前提，就是针对的对象是他人或者他者，所以无论是感受抑或关怀，想象抑或推断，都是具有指向性的，否则移情到底移向何处？移情的基本原则之一，就是去感受他人的感受，这是移情核心的规定。当把移情简约地理解为感受他人的感受（feeling somebody's feeling），也就是真正能够处于他人的情境

① ［英］亚当·斯密：《道德情操论》，谢宗林译，中央编译出版社2008年版，第4页。

进行思考，这个时候，从“关怀”伦理出发融入情感要素，由此就可以建构了一种以移情为基础的美德伦理学。然而，这种移情论的美德伦理学，只关注移情第一原则“感受其他人的感受”（feeling what someone else feels）和第二原则“关怀其他人”（caring about someone else）①，却相对忽视了移情的其他诸种内涵。仅仅以两个基本点来把握移情，乃是以偏概全的，而且当他把移情作为道德的唯一发源，也是没有看到其中包孕的理性的渗入，所以，还应该回到“情理合一”的中道来理解移情。

在全球疫情愈演愈烈之时，这个世界更需要的就是人与人之间的同情、关怀与移情。但是，这种人际的情感互动，究竟如何实现呢？孔门儒学提供了一种推爱的途径。

所谓“己所不欲，勿施于人”（《论语 · 颜渊》），按照孔子的论说，既然己“所”不欲，那么也就不将此种“欲”推之于他者，从而成就了中国原典儒学语境下被称为“道德金律”的不欲法则。“不欲”的孔子，却对“仁”有欲，有着求仁的主动态——“夫仁者，己欲立而立人，己欲达而达人”（《论语 · 雍也》）。这就又关乎到前面谈到的“同心圆”的隐喻，中国人的爱乃是由内层到外层、一层又一层得以外推，但究竟该如何推爱呢？

---

① Amy Coplan and Peter Goldie eds., *Empathy: Philosophical and Psychological Perspectives*, Oxford: Oxford University Press, 2011, p. 4.

如何推爱：流于失败的套娃模式

在“同心圆”的隐喻当中，难题还在于“推爱”的问题——如何将在接近圆心部分还浓重的“情”推展到远离圆心的部分？对于这个难题的解答，自孟子时代就已经开始，所以孟子继续发展出“性善论”来为这种推爱提供理论基石，并以其所阐发的“善端”为同心圆寻求真正的心理起点或者根源，从圆心到诸多圆圈的边缘就需要形成一种“推善”的过程。

但是，由此很容易产生的质疑就是，这种蕴含在社会关系当中的、近“亲”而远“疏”的“情”，是可推的吗？是不是在接近圆心的部分这种推爱才有其“有效性”，而其根本就“推不远”，甚至会出现“推不动”抑或“推不成”的情形？

这种质疑的观点已经开始出现：“推爱问题更是儒家的关键所在。亲亲是自明的（这是事实），但亲亲显然不够，还必须能够推爱及众，才能够构造出普遍有效的伦理。……当以亲亲原则进行推爱，就形成了后来被费孝通描述为‘同心圆’结构的伦理体系，所谓层层外推而达到爱众。推爱及众的严重困难是推爱推不出多远，恩义就非常稀薄了，最后完全消失在变得疏远的关系中，推不远所以推不成。这个困难的另一面是：天下有无数家，任意一家与另一家之间同样存在着与个人之间一样的矛盾和冲突。这说明亲亲模式对于整个社会来说并不是一个充分的伦理基础，它对解决社会冲突并没有决定性的意义。因此，由家伦理推不出社会伦理，由爱亲人推不出爱他人，这是儒家的致命困难。”①

这类具有典型性的观点，其实是建立在两种假定基础上的。首先就是它虚构了一种“陌生人理论”，似乎在“熟人”之外都是陌生人了，并从哲学的角度认定：陌生人才是典型的他者(the other)，不能解释陌生人就等于不能解释他者。这种阐释显然是提出了这样的难题，边缘化的他者能否为“私”情所动？显然，中国传统的“熟人社会”是以血缘共同体和地缘共同体为基础的，假如超出了血缘和地缘之外，如何推爱到陌生人就成了问题。依此逻辑，熟人之外，莫非陌生人，全部都是陌生人。这种假设很容易被事实所击溃，因为它忽视了陌生人与陌生人之间的交往，以中国2008年5月12日的汶川大地震为例，当受灾深重的时候，为何那么多的人（不仅是中国人）都奉献出了如此巨大的同情呢？为何同情者的“情”推及到千里之外的陌生人那里呢？如果“陌生人理论”是正确的，那么，大多数的中国人就应当对地震灾情无动于衷了，但事实恰恰不是如此。

---

① 赵汀阳：《儒家政治的伦理学转向》，《中国社会科学》（内刊版）2007年第4期。

这种观点的另一个理论假设，则是一种“节情理论”。如果说，“陌生人理论”是显在的，那么，这种“节情理论”则是更为隐在的。为何推不远，推不到陌生人，既具有客观化的原因，也有“节情”的主观化的理由。所以，儒家强调了情的自然天赋和本能使然的一面，“何谓人情？喜、怒、哀、惧、爱、恶、欲，七者弗学而能”（《礼记 · 礼运》），但另一面却因此一定强调“治人七情”（《礼记 · 礼运》），这一个“治”字就将政治化的意味赋予到了“节情”上面，所以孔颖达注疏说“七情好恶不定，故云治”。

公认的观点是，儒家思想的主流就是“以理节情”，但是这种主流的形成，无疑是同后来宋明理学的主导地位相关的（甚至走向了理性化的极端而灭情灭欲），其实先秦的“原始儒家”在先秦时代曾有“主情”的主张，这在1993年湖北荆门出土的“郭店楚简”当中已经透露这种信息。那么，为何在中国古代历史上越到晚期就越容易出现“节情”的主张呢？更深层地说，这里面的前提就是说——人情无非就是人欲，所以要“节”要“治”。但是，这种理解显然就是对“情”给予了狭隘的理解，人的情毕竟是丰富的，并不是仅仅与生理欲望相关，还有日常生活当中的许多非本能和有意识的规定。无疑，在儒家那里，以“礼”治“心”就是要“节人之情”，但是，这种“节”在儒家那里始终是有“度”的，所谓“从心所欲不逾矩”才是最为理想的状态。

如果按照动物生理学的研究，这种儒家的推爱并不恰当地被视为一种“移情”现象。这种现象被抽象化为一种所谓“移情的‘俄罗斯套娃’模式”（The “Russian doll” Model of Empathy）。大家都见过俄罗斯套娃吧？就是那种一层套着一层的玩偶，每一层的样貌都是一样的，只不过是大小不同，大的套小的，所以一层又一层打开，玩偶越变越小……

动物学家将这种玩偶模式，套用到心理学模式上，言说的是人对人的移情。根据俄罗斯套娃的“主体间性模式”，移情可谓涵盖了在主体与客体之间的相关的情感状态的所有过程。其中，第一层就是“情感感染”（emotional contagion），这就是自动地与他人状态（诸如生气、痛苦或快乐）相匹配，这是最内核的层级。第二层则是“认知性的移情和目的性的帮助”（cognitive empathy and targeted helping），也就是理解他人的处境，同时也是测估他人的情感状态及其缘由。第三层则是最外部的层级，此层为“归因与视角择取”（attribution and perspective-taking）层面，也就是彻底采取他人的视角。

如果用科学的模型来加以阐明，根据人类所谓的“知觉—动作机制”，每个层级都对应着模拟：第一层级对应的是“自发的模拟”，也就是自动与他人的行为匹配；第二层级对应的是“合作与分享的意图”，也就是把他人的目标当作自己的目标；第三层级对应的则是“模仿与仿效”。从结构意义上来说，每一种相对在外层的层级，都要以相对内层的层级作为基础。

这样说太过复杂，简单说来，就是我们对新冠病毒感染者的移情，到底是怎么来的呢？首先，你看到感染者身处困境的时候，表现出悲伤与无助的情绪的时候，会被这种“人同此情”的情感所动。这也就是被他人的情绪所感染，但这只是初步的，与他人情感共振就是“自发的模拟”。其次，当我们理解感染者的现实处境的时候，那就是采取了更进一步的“认知性的移情”，如果说初步的感动是“唯情”的话，那么此时就有理性参与其中。这种“感同身受”地采取他者视角，就是把他人的目标视为自己的，所以才有了合作的意图。再次，最后一个环节就是彻底地采取他人视角，移情由此达到了顶点，由此对他人采取了一种“模仿性的移情”，但必须承认，这种移情也只是移情诸模式当中的一种而已。

提出这个“俄罗斯套娃”模式的，就是著名的动物行为学家弗朗斯·德瓦尔。一方面，德瓦尔认定人类天性就具有社会本性，但这种本性乃是来自动物的，尤其是灵长目动物，人类的道德规范根源的演化，与其他的社会性哺乳动物共有的“心理特征与行为模式”；但另一方面，人类所有的道德规范都来自人作为社会性哺乳动物而演化出来的本性[①]，前者是固有的恶，后者是进化的，但这两种立场在德瓦尔那里同时被接受，从而形成了内

① ［荷］弗朗斯·德瓦尔：《灵长目与哲学家：道德是怎样演化出来的》，赵芊里译，上海科技教育出版社2013年版，第121页。

在矛盾。而且，德瓦尔的解析仅仅囿于“模仿性的移情”这一种而言，并可以关注到其他移情类型。他没有注意到“推爱”的反馈机制，他所分析的移情就没有反馈模式参与其中，而在东方文化里，“孝”作为一种反哺模式也在移情当中占据了核心地位。

在对抗新冠肺炎疫情过程当中，意大利医生的伦理选择，就不仅有违生命伦理的“公平原则”——这是一种来自西方的视角，同时也违背尊老敬老的“孝道原则”——这是一种来自东方的视角。但是，中国儒家的这种逆向的“推爱”，也会面临实践中的问题，那就是当这种儒家之爱越推越“薄”的时候，人们究竟该如何应对？毕竟大多数人的老人都与医生没有亲缘关联，也没有紧密关系，当这种疏远关系面临“敬老”原则的时候，就不仅需要理性与判断来固化，还需要情感与移情加固。那么，加固与固化的，到底是什么呢？答案就是“情理化”的社会结构。

当然，意大利做出如此的选择，是因为此国面临了人口高度老龄化的困境，还有高龄人群易感染的风险。2020年2月28日晚，意大利紧急民防部部长在例行疫情记者会上表示，新冠肺炎患者死亡人数的快速增长，死亡率的不断提高，主要在于意大利社会人口结构老龄化问题较为突出。意大利国家高级卫生研究所所长也在记者会上强调，目前所有的死亡患者中，70岁以上的群体死亡率31%，80岁以上群体死亡率58%，这个数字的确是惊人的。

2020年3月6日，意大利国家高级卫生研究所公布了一项数据，对105名死亡病例进行分析后显示，意大利新冠肺炎死亡患者平均年龄为81岁，44.2%的死者年龄在80至89岁之间，32%的死者年龄在70至79岁之间。2/3的死者有3种以上的严重基础疾病。必须补充说明的是，意大利有超过1380万的老年人口基数，位列世界人口老龄化第二的位置，这也使得意大利采取这种包括“临床伦理学”在内的15条建议似乎有了某种客观的理由，毕竟他们的人口老龄化严重，而且高龄感染人群居高不下。

2020年5月18日，第七十三届世界卫生大会上发布了《应对COVID-19疫情》的决议草案。其中，第十一条明确规定：“进一步认识到COVID-19大流行对健康的负面影响，包括饥饿和营养不良，对妇女、儿童和一线卫生工作者的暴力行为增加，以及扰乱对老年人和残疾人的医护服务”。第十二条进而规定说：“强调有必要保护民众，特别是有基础健康问题的人、老年人和其他面临COVID-19风险的人，包括卫生专业人员、卫生工作者和其他相关的一线工作者，特别是占卫生队伍半数以上的女性卫生工作者，以及残疾人、儿童、青少年以及弱势人群，并强调在这方面采取符合年龄和性别特点的措施和兼顾残疾因素的措施的重要性。”所以说，在救治过程当中，救治平等甚至倾向于弱势群体，乃是符合人道主义的基本原则的。

形式公正：疫苗获取的分配之道

2020年5月13日，作为世界四大疫苗巨头之一，法国制药巨头赛诺菲的首席执行官保罗·哈德森在接受彭博社采访时表示：美国有权优先获得他们研发的疫苗，因为美国承担风险进行了投资，双方建立了相关的合作关系。这一番言论让法国上下大为震怒，在中国发布的相关新闻题目被定为——“美国优先获得法企疫苗？法国怒了！”。

在发布这番言论之后，据法国24电视台（France 24）当地时间5月14日报道，哈德森的发言引起了法国政府的强烈关注和不满。法国总理爱德华·菲利普针对哈德森的言论，强调说对抗新冠病毒的疫苗是全世界的共同利益，所有人都应平等获得疫苗，这没有任何商量余地！初级经济部部长艾格尼斯·帕尼耶·卢娜奇在接受一家电台采访时也表示，在疫情的危急关头，法国绝不接受某个国家由于经济原因获得疫苗优先权。

在此必须给出一个说明，哈德森所谓“美国优先”之经济原因很可能所指的是，美国卫生部下属机构向赛诺菲的疫苗研制提供过资助。此前，赛诺菲也曾呼吁欧洲各国在资金和管理上加强协同以加快新型冠状病毒疫苗的研发。“美国很早就提供了资金”，赛诺菲的负责人及分析专家说，“欧盟也必须同样提供帮助”，但是美国更早，由此也就有了更早获得疫苗的理由。但是，这样的理由，成立吗？谁早付款，谁就能率先拿到疫苗，这种商业原则在疫苗分配上的“平移”，是否具有合法性呢？

面对法国社会的各种质疑，法国总统马克龙也对此不满，并计划与哈德森进行会面并召集赛诺菲管理层开会，来共同商讨此事。面对这样的压力，特别是法国政府的强烈反应，赛诺菲公司也立刻做出表态。董事长塞尔日·温伯格表示：他们不会向任何国家优先提供疫苗，并称已经“纠正”了哈德森的相关言论。他辩解说：“我们公司由多个制造部门组成，有些在美国，但更多的都在欧洲和法国。”总理菲利普后来表示，赛诺菲董事长已经向他保证，在疫苗研发成功后会确保法国得到平等的供应。

在法国，从执政党到在野党，从左派到极右派，政治各界人士都众口一词地表示无法接受“美国优先”。除了法国，欧洲其他国家究竟是如何反应的呢？反应最为激烈的是德国媒体，他们甚至批判美国正在走强夺疫苗之路。在德国《世界报》看来，问题不只出在赛诺菲这些商业开发身上，这背后是特朗普政府正在实行一种无情和错误的“疫苗民族主义”政策。还有的德国媒体把赛诺菲称为“没有灵魂、不忠诚”的跨国公司。后来，这种反对扩大化到了欧洲乃至世界，欧委会发言人克瑟梅克尔在5月14日表示，新冠疫苗分配必须具有“普遍性”，有十四个国家地区独立运作的非政府组织乐施会（Oxfam）则称，“谁生谁死”的决定权不应该在制药公司手上。

这就关系到疫苗研发后的分享与人与人的平等的问题。让我们再回顾一下《世界卫生组织法》。《世界卫生组织法》将“健康”定义为什么呢？所谓的健康“不仅为疾病或羸弱之消除，而系体格、精神与社会之完全健康状态”，并宣称“享受最高而能获致之健康标准，为人人基本权利之一。不因种族、宗教、政治信仰、经济或社会情境各异，而分轩轾”。这种将健康作为每个人的基本权利的做法，并规定人人平等的平等准则，的确为人人都有“健康权”做出了最基础性的规定。

再根据《应对 COVID-19 疫情》的最新决议草案，其中第十条规定：“认识到 COVID-19 大流行严重影响穷人和最弱势人群，对卫生和发展领域成果产生影响，特别是影响低收入和中等收入国家以及发展中国家，进而阻碍实现可持续发展目标和通过加强初级卫生保健等实现全民健康覆盖，重申继续协同努力和提供发展援助的重要性，并深切关注高债务水平对国家承受 COVID-19 冲击的能力造成的影响。”第十七条还规定：“进一步认识到当前 COVID-19 大流行疫情和可能出现的反弹所产生的许多意外的公共卫生影响、挑战和资源需求，以及各组织和各部门（包括民间社会和私营部门）各级所需采取的必要的近期和长期行动、协调与合作的多样性和复杂性，有效和统一采取公共卫生措施应对大流行，不让任何人掉队。”

好个“不让任何人掉队”！这是一种价值诉求，实际上实施起来很难完全实现，但是作为逻辑前提，每个人在获取医疗资源方面都应该在原则上是平等的。然而，需要有进一步的“实然”与“应然”的区分，实际上“就是如此”与理想中“应该如此”毕竟不同。这就要区分出两种不同的“公正”，一种是“形式公正”，另一种则是“实质公正”。

所谓“形式公正”，正如古希腊哲学巨擘亚里士多德所主张的那样——同样的人应予以同样对待，不同的人应予以不同对待——但其缺憾却在于缺乏内容；相形之下，“实质公平”则充实了内容，它为分配提供了实质性根据，如按照需要、贡献、努力或者美德等来进行分配，但是往往缺乏了形式。在这个意义上，无论是《世界卫生组织法》还是《应对 COVID-19 疫情》所规定的，恰恰符合“形式公正”而非“实质公正”，因为完全平等和比例平等的划分只能在“形式公正”那里某种程度地得以实现。

德国《焦点》周刊2020年5月15日称，目前全球正在研发的新冠疫苗大约有100种，世卫组织公布的材料显示，进入临床试验阶段的有8种，其中4种来自中国研发团队，美国和英国分别有3种和1种。再根据欧盟药品管理局所宣称的，根据现有的数据，在“最理想的状况”下，疫苗能在一年后获批。那么，这些疫苗开发出来并证明有效且安全之后，究竟该如何分配呢？到底是根据“形式公正”，地球上的每个人都获得等份的疫苗，还是依据“实质公正”，起码要给有紧急需求与大规模暴发的地方以更多的疫苗?

当法国赛诺菲提出“美国优先使用”的时候，恰恰就是按照市场原则来确定的，谁更多抑或更早投资，就有权利更多与更早地获得疫苗。尽管这个企业已经不是单纯的法国公司了，因为这个集团的股东有60%以上是外国投资者。该公司也在辩解，此前的言论“被曲解了”，美国对赛诺菲在其境内工厂生产的疫苗有优先权，并不涉及在法国和欧洲的工厂，并声称赛诺菲并不会违背“商业道德”。据《卫报》报道，140多名世界各国领导人和学者5月14日发表一封公开信，呼吁新冠疫苗问世后向世界上的所有人免费提供：“把化解疫情的任务交给市场力量，或任由企业和政府的利益凌驾于生命之上，现在不是时候。”这封信的联署人包括南非总统拉马福萨、巴基斯坦总理伊姆兰·汗等国际政界的重要人物，看来对于这种不公正的现象是群起而攻之的。

可以肯定的是，新冠疫苗，一定是全人类的“公共财产”，而且可以给人类带来“全球福祉”，而不是私人或者私国的财产。当这一起码在形式上应该人人拥有的权利，变成某种特权的时候，无论是某个国家还是某些人的特权，都被如潮的批驳声所淹没，诸如这样的抨击：“面对一个可能让全世界重回正轨的疫苗，我们绝不允许它被唯利是图的金钱主义绑架。”这些法国人批评赛诺菲集团“昧良心”“金钱至上”“胳膊肘往外拐”，其实都是民众愤怒的表现。赛诺菲董事长温伯格在5月14日晚，接受法国电视二台连线采访时试图平息这些怒火，表示一旦疫苗研发成功后，“绝不会让任何一个国家提前几天或数周优先使用”，这是可以肯定的。

斯洛文尼亚前总统、世界领袖联盟主席达尼洛·图尔克2020年6月10日在谈及疫后经济复苏时表示，疫苗理应成为一种“全球公共产品”。他在当天参加全球智库抗疫合作云论坛期间表示，“我们要思考全球疫苗可用性的问题，从这个层面看，把疫苗作为全球公共产品，有着非常重要的意义”，“这意味着我们需要让疫苗能够实现全球可及性，包括低收入、中等收入国家政府都可以承受的价位”。这就要全球合作，因为“应对当前和潜在的许多挑战，都是在国际合作及竞争中同时发生的，在竞争与合作的过程中如何进行更好的管理，尤其在疫苗方面，非常关键”，尽管不同研究机构和不同国家之间存在着诸多竞争，但与此同时合作才是更为必要的。所以，在实现防疫方面，“低收入、中等收入国家需要政策方面的协助，国际货币基金组织等机构也可以参与其中，我们需要实现这样的合作”。

在此，还有一个反对所谓“疫苗民族主义”的问题。类似的例证在英国也曾出现过，2020年4月，英国卫生大臣汉考克在宣布牛津大学研发的新冠疫苗进入临床试验阶段时就曾表示说，如果试验成功，英国人应该优先使用，从英国的立场来看理应如此。但正如德国新闻电视台所反驳的那样：“每个国家都有合法的自身利益，这是理所当然的”，“但自利与彻底的自私是两回事……全球挑战需要一个全球答案”。自利，本为国际政治关系当中民族国家的自我诉求，但是“彻底的自私”则为了满足自己国家的利益而有可能伤害另一国家的利益，从而容易倒向一种“疫苗民族主义”，也就是把疫苗分配套上了民族主义的枷锁。

还有，这又涉及一个问题，在对待疫苗问题上，人们该持有多大程度的爱国主义？据法国《欧洲时报》报道，法兰西大区议会主席贝特朗在2020年5月14日向欧盟委员会主席冯德莱恩和马克龙喊话：“欧洲和法国不能同意一个法企先保护美国人”，“此时，法国人应该为其他人践行经济爱国主义哭泣吗？还是赶快觉醒，也决定实行自己的经济爱国主义？”爱国主义其实乃是一个共同体对于本土的集体情感集合，区分出“政治爱国主义”与“经济爱国主义”还是非常有趣的，但是，经济与政治确实不可分，不能把新冠疫苗仅仅视为“战略资产”。

万分遗憾的是，疫苗分配问题已经过早地被政治化了。根据新加坡《联合早报》报道，其援引美国前亚太事务副助理国务卿谢淑丽的话：“每个国家当然都想把疫苗留给自己，但如果要恢复商业活动和旅行，我们会希望其他国家，尤其是贫穷的国家也能得到疫苗。”看来国际政治上的先利己后利人已被视为理所应当，她还警告称，疫苗分配或将“演变成一场丑陋的地缘政治斗争，结果会有更多人因此丧生”，这个警告还是有针对性的。因为，起码到目前为止，对事先人人如何平等地共享疫苗及其实现路径，并没有达成国际共识。各国都在疫苗研制上你追我赶，似乎谁能拔得头筹，就将超越健康和医学本身，从而在国际战略上获得更多的安全性，但是这的确是一个超越政治但不离伦理的问题。

事实也只能如此，如果实质公正的实现可能性小，那就走形式公正之道，同理可证，如果结果公正不太可能实现，那就只能走程序公正之路，这也许才是适宜的可选择道路。

群体免疫：可否动用进化论策略？

2020年3月13日，英国政府首席科学家帕特里克·瓦伦斯在接受英国广播公司采访时，提出了一个“群体免疫”的概念，让世界为之哗然！

对此，英国政府首先给出官方回应。3月15日，英国卫生大臣马修·汉考克否认政府推出“群体免疫”政策。汉考克表示，“群体免疫”政策并不是政府的政策或目标，其目标是抗击病毒，保护弱势群体。他同时表示英国政府将宣布抗疫新措施，70岁以上老人可能被要求居家隔离4个月，但是后来则被扩大到无年龄限制了。“群体免疫”如果不是政府的政策，人们的目标仍是要抗击病毒，保护生命，但是在新疫情情境下重提这种理论，却引发了轩然大波。

所谓“群体免疫”，原文为herd immunity、population immunity或community immunity，其所指的就是因为个体免疫的存在而保护一个群体免受某种传染病的侵害。与群体免疫相对的则是个体免疫，它所指的是个人对比如病毒这样的病原体有了免疫力，产生了针对病毒的抗体和特异性T细胞。个体免疫一定是群体免疫的基础，这是毫无疑问的，当某个人对新冠病毒有了免疫力，那么这种病毒在他的体内就被积极抵御，哪怕携带病毒也不能为病毒所伤。但必须对群体免疫与个体免疫进行区分，前者是通过阻断病毒在人与人之间的传播起作用，从而让病毒消亡；后者则是通过对病毒的生物学反应起作用，从而将病毒清除，二者显然是不同的。

当然，这种免疫力的获得，基本上可以通过两种方式，第一种是被病毒感染后痊愈，目前的情况就是大部分康复的感染者都已经获得了免疫力；第二种就是接种有效的疫苗，目前全球都在研制这种疫苗。既然新冠病毒的疫苗研究成功需要一定时间，哪怕研制成了也需要一段时间的检验才能被普遍使用，那么，所谓“群体免疫”的获得，就似乎不得不暂时采取第一种方式了。

两者相较取其轻，这就需要一种功利主义式的取舍。如果普遍接种疫苗这第二种方式可以实现，那么，第一种方式就会被主动放弃掉。但是，假若第二种方式迟迟未来，第一种方式，可行吗？如果可行，那会带来什么样的积极结果与消极后果?

我们可以做这样一个假设，以整个英国为例，如真的要采用让人自然感染的方式来逐渐获得群体免疫的策略，以此来应对新冠病毒，那么，6600万人口的英国将陆续迎来数以百万的重症患者，还有数以十万计的死亡人数，也许这个估计还是保守的，数字可能会更多。在被普遍感染之后，所剩下来的人群就是能够免疫的人群了，那么，这一轮的“群体免疫”也就达到基本目的了。

在历史上，面对瘟疫与流感这样的全球流行疾病时，这第二种群体免疫的形式，竟成了不得已而为之的策略。譬如西班牙型流行性感冒，作为人类历史上最为致命的传染病之一，在1918到1919年约6个月时间，就曾经造成全世界约17亿人当中约5亿人感染，几乎1/3的人都被感染。其中，有2500万到4000万人死亡，这比持续了52个月的第一次世界大战死亡人数还多。全球平均致死率大致为2.5%至5%，和一般流感的0.1%比较起来其感染率也高达5%。

再以意大利北方省份贝加莫为例，这里已成为意大利受疫情影响最重也是被打击最为剧烈的“震中”地区。根据意大利国家统计局（ISTAT）在2020年5月初发布的一份报告显示，贝加莫2020年3月份的死亡人数，比2015—2019年的平均水平激增了568%。在4月23日至6月3日之间所做的新的调查显示，通过对贝加莫省9965名居民进行血液检查，发现有57%的居民有了新冠抗体，表明他们皆已与冠状病毒有了接触。于是，有专家指出，贝加莫地区可能正在接近“群体免疫”，还有的专家称，产生“群体免疫”效果需要有60%至65%的人群产生抗体。但是正如世界卫生组织专家在5月11日所发出的警告说的，“群体免疫”这一术语本来自兽医流行病学领域，在应用于新冠肺炎这样的人类传染病时应格外谨慎，避免置个人生命和痛苦于不顾，也就是不顾“情理”的现象出现。

世界卫生组织出面否定“群体免疫”，也是出于一种道义。但事实的确是，当某一人群中约60%至70%的成员获得免疫，他们被感染后自行康复，那么，疾病暴发的概率就会大大降低，“群体免疫”效果就在这里。世卫组织卫生紧急项目执行主任迈克尔·瑞安就此解释说，既然“群体免疫”这个属于在畜牧业当中被专门使用，而且这种使用还是从冷酷的经济学角度做出的，那么，个体动物的状况就不在考虑之列。这就意味着，这个术语在实现从动物界到人类的转换时，被应用到人类传染病的场景的时候，这种转化是否合适本身就亟待商榷。按照瑞安的意见，“群体免疫”这一术语转到人类也不是不可以，但主要应被用以计算人口当中究竟有多少人需要接种疫苗，由此才能达到相应的免疫效果。这样做的统计，那就不会是无情的计算和计算的无情了，因为，每个个体的生命和痛苦乃是无法被置于这种算式当中来加以“盘算”的。

在人类抗病史上，群体免疫的确有成功的先例。天花病毒的消灭就是一个最佳的例证。有趣的是，对天花疫苗的接种并没有达到100%，而且也不是100%的天花疫苗接种都有效，然而，只要人群里有90%的人因为疫苗接种而有了免疫力的时候，那么，天花就会因此而自动消亡了。

从原则上来讲，这种群体免疫的效果，取决于两个因素，一方面是“越高越好”的群体里对病毒拥有免疫力的人的比例；另一方面则是“越低越好”病毒的基本传染基数。但是说起来简单，做起来何其难也！因为病毒本身也是“聪明”的，它们为了活命也会做出调整，如果不做调整抑或调整不够，就只能面对覆灭的结局了。当然，无论是人类还是病毒都不会束手就擒，人类比病毒会更聪明，一定会战胜病毒，这是历史所证明了的。如果史前的尼安德特人真是因为病毒而被灭种的话，那么，人类的祖先在进化的过程当中无疑是幸运的。

从自然的意义上，所谓“抗原漂移”（antigenic drift）就是病毒所做出的有效应变，它是指病毒自身通过改变基因，让蛋白的序列和结构得以改变，从而使得原本有免疫力的人识别不了，由此摧毁了群体免疫的根基。就进化论的角度而言，如果以病毒为“进化主体”，那么，它就会面临“选择压力”。面对这种“选择压力”的强压，病毒本身就会做出适应性变化，让自己在人体当中得以生存下去，因为这样才能继续活命，这符合进化论的“适者生存”的基本法则。

这就关乎我们能够动用一种进化论的视角来看待“群体免疫”。这是一种基于“自然主义”的角度，与“群体免费”相对的则是“社会抗疫”，那就是一种基于“社会组织化”的考量。

与病毒争：社会抗疫还是自然免疫

人类如果完全依照进化论的原则，那么就会面临质疑：为何本可以采取“社会抗疫”的途径，要听“天”由“命”呢？物竞天择，就是靠“天”；人也是万物当中的一维，如果顺从自然进化，那就是信“命”。人类还是要抗争，因为我们人类讲求“命运”，其实“命”与“运”乃是两个东西：“命”是天注定的，而“运”则是靠人为改变的。

那么，面对这轮新冠病毒的抗疫，我们到底是靠“命”还是靠“运”呢？实际上，既靠“天命”，也靠“人运”。但是既然人有面对自然的主动性，那么，更多要靠人之“运”，最终要靠“人”之“运”。

在人类面对病毒显得无力的历史时期，人类不得不听天由命，而且只能听天由命，因为自然的“压强”，使人无从选择，只能依靠进化论所指向的生物之间的相互竞争。到现在为止，人类仍是地球的幸运儿，起码我们还没有受到恐龙所面临的小行星撞击地球的那种整体覆灭的命运（此为恐龙灭亡原因的一种说法）。好在人类越来越聪明，在经验的累积过程中获得了不断的创新，面对自然更加能应付自如，以使得自身得以存活下来。在这个意义上，人类当然无法跳出进化论的整个命运，但是与病毒的“自然进化”不同，人类更多依赖“社会进化”!

更何况，根据2020年6月份的《自然》杂志发布的科研成果，某些新冠病毒感染者体内的抗体会在两三个月后下降至无法检测的水平，无症状感染者对新冠病毒的免疫应当弱于有症状的患者。根据该论文提供的实验数据，在康复约8周后，40%的无症状感染者体内的IgG抗体水平几乎已经无法检测到，而有症状患者中只有12.9%会如此，这意味着无症状感染者更容易出现上述描述的情况。所以，这项研究成果的一个结论，就是表明给康复者颁发“免疫护照”的做法是有风险的。尽管这份研究被批评所选取的样本较小，也并未考虑到其他免疫因素，且大多数有症状的新冠病毒感染者体内都会产生抗体，但尚不清楚抗体能持续多久。《自然》杂志刊发的另一篇论文则显示出反面的意见：抗体水平即便较低，也可能足以抵抗新冠病毒。但无论如何，在确定性未定的前提之下，这给我们以警示：依赖于自然化的免疫，既然其成功率尚未被确定，那至少在目前，亦是靠不住的。

从人类学的角度看，人不仅是“自然进化”的产物，而且更多是“社会进化”的产物，这是为社会人类学或者文化人类学所反复证明了的。人类的自然性进化，其实是很缓慢的，从万年以前到现在，其实我们的身体并不是越来越强大了，反而可能越来越弱小了。这样说就意味着，一个普通的原始人都可能达到如今的特级运动员的水平，无论是跑的长度还是跳的高度都可能如此。但是，人类大脑的进化，却一定远远超过原始人，人不但能使用、制造和携带工具，而且经由劳作创造出来一个社会化的人类世界，否则这个地球上哪会有那么多的城市与乡村，在夜晚从太空遥望地球，灯光的密集度就显露出人类对地球的改造的轻重程度不同。

与人不同，病毒只能靠自然进化，哪怕退一万步讲，病毒是人为制造出来的，那么病毒寄宿在人体也要依据进化法则来进化。根据核酸的类型，病毒可以分为DNA病毒和RNA病毒两类，前者发生基因突变的概率较低，RNA病毒发生变异的概率则高得多。

乙肝病毒和天花病毒就是DNA病毒的代表，人类对于天花的消灭与对乙肝的控制，恰恰是人为参与改变而成的，而且事实证明，人类在这方面做得相当不错。但正因为DNA病毒变异得较慢，所以，人类开发出来的疫苗就更容易持久有效，由此也获得了抗疫方面的最终胜利。以流感病毒为代表的RNA病毒则不同了，它们的突变率相当高，所以才会一直存在，这就是自然进化对人类的“反控制”。按理来说，季节性流感的基本传染数只有1.3左右，从理论上讲只要有30%的人对流感病毒有了免疫力，流感病毒就难以在人群里继续传播下去。问题是流感病毒善变，能够迅速地发生抗原漂移，所以现实就走向了它的反面。

遗憾的是，新冠病毒就是这一类RNA病毒，新冠病毒潜在的高变异能力已经充分显露了出来。一个理论上的说明就是，假若新冠病毒发生了变异并导致了抗原漂移，或者从自然角度人类对新冠病毒的免疫不能够长久有效，或者从科学角度没有及时研究出持久有效的疫苗的话，那么人类所付出的代价将会更高。

根据2020年3月的报道，中国科学院主办的《国家科学评论》发表的《关于SARS-CoV-2的起源和持续进化》的论文称，新冠病毒已于近期产生149个突变点，并演化出L亚型和S亚型。在这103个病毒株中，有101个属于两个亚型之一。从占比上看，L亚型更为普遍，达到70%，S亚型占30%。S亚型是相对更老的版本，而L亚型更具侵略性、传染力更强。根据新型冠状病毒的演变方式推测，L亚型和S亚型的传播能力、致病严重程度或许存在较大区别。此后，多国研究人员均发现，本国新冠肺炎病例出现了变异，值得人类警惕。

到了2020年5月份，来自美国洛斯阿拉莫斯国家实验室（LANL）的一项最新研究就显示出，一种新型新冠病毒毒株已在全球范围内占据主导地位，并且似乎比初期传播的毒株更具传染性。科学家们对此表示，这种新毒株于2020年2月在欧洲出现，很快传播到美国东海岸，自3月中旬以来一直是全世界的主要毒株。新毒株除传播速度更快外，还可能使人体在第一次感染后容易受到第二次感染。参与研究的杜克大学的大卫 · 蒙蒂菲奥里博士表示，这种变异形式包括从病毒表面伸出的尖刺，这就是它符合附着到细胞并进入细胞的方法，如果你已经感染了新冠病毒，那意味着你将会产生抗体以阻止病毒再次感染你。但有了这种突变，你的免疫反应可能就不够强烈，但是人类不会就此屈服。

根据最新的研究发现，这种突变发生在病毒的被称为“刺突蛋白”一个片段中，这就使得研究得以聚焦了。更为关键的是，这种蛋白目前存在于所有的疫苗中。科学家们担心这种新型病毒的突变，会成为当前疫苗研发的一个关键性问题，如果基于原始病毒株进行设计药物和疫苗，它们可能无法有效抵抗新的病毒株。但是人类的科学研究还在继续，会进一步对新冠病毒的原理进行研究，从而生发出应对的策略。

毋庸置疑，无论用哪种方法来控制病毒的传染，无论是“群体免疫”还是“社会抗疫”，人类势必都要付出代价，而且已经付出了惨痛的代价。按照一种功利主义的原则，如何付出更小的人类代价，同时获得更大的人类利益，才是我们应对病毒的可取方案之一。

新冠病毒的基本传染指数在2.3左右，如果用“群体免疫”来控制这次新的病毒的流行，那么，大约需要让60%至70%的人有针对这个病毒的免疫力才行，目前这个条件还不能得到满足。由此而来，新冠肺炎会导致15%左右的重症患者，还有随之而来大约2%的病死率，当然这两个值有可能比实际情况要高一些，因为还有些轻症患者没有被检测到，另一些其他并发症死亡被归因于新冠病毒，但这就是我们人类要付出的代价。我们面临的就是代价高还是代价低之间的选择，但是人类的主动介入都是必要的，而且是指向未来最终胜利的。

反对歧视：亚裔受害与肤色决定论

2020年2月24日，英国伦敦街头发生了一起种族暴力事件，直接起因是新冠肺炎疫情，我以为，这倒可以称之为“疫情歧视”。在疫情刚刚严重的阶段，针对亚裔的种族歧视随着疫情的传播也开始抬头。当天，一位名为乔纳森·莫的新加坡学生在伦敦遭遇一群男子的种族主义暴力，施暴者现场叫嚣说——“别把新冠病毒带进来!”

这位年仅23岁的学生，正就读于英国伦敦大学学院法律系，已在伦敦生活学习了两年多。根据他在脸书上的陈述，24日晚上9点当他独自一人途经牛津街的时候，四名陌生年轻男子上前加以挑衅。现场的情况大致是这样的：这位学生听到其中一位朝他喊“冠状病毒”，旋即转过身看向这几位陌生人，却见那人一边喊“你怎么敢看我”，一边朝他脸部挥拳攻击。

根据受害者的回忆，“第一拳打在我脸上，让我大吃一惊”，在惊讶之际，“那家伙又给了我第二拳”。第一个袭击者身后的一个同伴随后试图踢他一脚，同时还叫喊“我不想让你们的新冠病毒进入我的国家”。第二名袭击者继续对其拳打脚踢，致使他满脸是血，并“溅得满地都是”。这些袭击者大概以为他来自中国，殊不知，哪怕是疫情开始最严重的武汉，距离新加坡也有约3400公里之远。此事在现场也引发同情式的反对，在施暴过程当中，就有路人主动上前制止，但没想到制止者的面部也被打了几拳，这些突发的袭击者也在警察到达现场前逃之夭夭了。

所谓“你们的病毒”，这说明很多欧美人士有这样的偏见，病毒一定是来自亚洲，来自中国的特定地区，而黄面孔的亚裔人士都可能是相关责任的承担者。“我们的国家”，就是指英国，但不是指种族融合的英国，而是以白人作为社会主体的国家。这就是一种非常明显的种族歧视，而且就是因为疫情而发，或者说，新冠病毒的归源地推因，会直接引发对于疫情发源可能地上的人类群体的歧视。

这位来自新加坡而非中国的学生，在3月2日的脸书把自己的遭遇公之于众，引起了广泛的关注。这是疫情开始之后比较恶劣的种族歧视事件。他也贴出了自己受害后的照片，经过几天治疗后，不仅脸部的眼睛部位仍旧青紫明显，而且医生称他面部还有骨折，并有可能进行后续整形手术。为此这位亚裔年轻人决定不再沉默，他表明：“种族歧视存在已久，这表明这是有多危险……一开始可能是语言攻击，后续可能会升级为肢体暴力。”

第二天，他接受对此倍加关注的新加坡《海峡时报》采访时又称，自己对此感到震惊而不是愤怒：“毫无疑问，COVID-19的医疗效果已经在世界范围内的问题上占据了领先地位（这是理所当然的)。然而，当我们一直只关注冠状病毒对健康的影响时，我们却没有看到这种病毒传播所产生的社会影响——种族主义在这里找到了另一个借口来揭穿它丑陋的头颅。”他还退一步说，虽然伦敦大部分人都很友好，但“即使是一小部分人（有这种行为)，也是一个严重的问题”，“我在伦敦学习了两年，每年都会受到种族主义言论的攻击（无论是无意的还是恶意的)，对于那些告诉我伦敦不是种族主义的人，再想想”!

据报道，伦敦当地警察已对这起涉嫌“种族主义暴力攻击”事件展开了调查，但嫌疑人仍逍遥法外。事件一经公布后，也迅速在英国本土引起热议，这则帖文很快就有近1万条评论并有3.5万次分享，众人纷纷对这位华裔受害者表示支持，BBC、《镜报》等媒体也对此事件做了相关报道。受害者本人的反击更有力量：“对于那些认为我的肤色适合攻击我的人来说：这是给你的东西——我勇敢地面对你是因为我不害怕，在我的生活中，我面对的角色要可怕得多。如果你认为联合起来对付一个比你小得多的人会让你成为一个大男人，但事实并非如此。这只会让你们每个人都变成一个懦夫!”

从任何意义上说，种族主义都是要被摒弃的，尽管现实当中的种族主义事件，还只是冰山一角而已。而此前，来自泰国的剑桥大学毕业生兼税务顾问帕瓦特·西拉瓦塔肯在伦敦也曾遭到青少年的殴打和抢劫，他们还对他大喊“冠状病毒”。在英国和包括美国在内的其他西方国家，亚洲人也受到了不少攻击和辱骂，但是性格相对温和的亚洲人大都采取了忍让态度。这次不同了，正像这位新加坡人所洞见的那样："种族主义不只是愚蠢，更是仇恨。种族主义者会不断寻找借口来表达他们的仇恨，新冠病毒成为了他们新的借口。"但是这个借口的理由却是根本不成立的。

不仅不要让新冠病毒成为借口，任何借口的种族主义都是站不住脚的，因为它激发出种族之间的仇恨，哪里是愚蠢那么简单呢？据《镜报》3月3日的报道，伦敦大学学院对此事件做出回应，发言人表示："我们对这起针对本校学生的无端种族攻击感到震惊。我们对任何形式的种族主义、欺凌和骚扰表示谴责，并将对该学生提供全力支持。"这也是整个社会面对种族主义所应采取的基本立场和坚定态度。

更有趣的是，在国际不同媒体上所描述的受害人的身份却不同，这也恰恰折射出新加坡的种族融合现状。这就有意思了，这位新加坡公民所面临的身份难题是：他究竟被看成什么？他被定位于何种身份？其实，包括他在不同的场景对自己的描述，也表露了他对自己的身份认同。但是更重要的是媒体的视角，他们将这位人士，看作了什么？在不同的报道当中，作为接受者的我们，竟然看到了几种不同的表述，说他是"新加坡人""华人""东南亚人""亚洲人""世界公民""前殖民地居民"！

但归根结底还是"肤色决定论"，就连这位新加坡受害者也愤而反击道："我真不明白为什么人们会因为他人的肤色攻击别人。完全没有道理！""当人们看到戴着口罩的亚洲人，他们会觉得他们生病了，他们会对着戴口罩的人大吼大叫，这真的很荒谬！因为他们不仅是保护自己，也是在保护你！在新加坡不会理会这种微妙的种族歧视事件，但我来到这，住在这里经历这一切时，我意识到这个问题的严重性，并且已经困扰了我们非常久。我们必须做点什么……”实际上，新加坡人的身份认同，也在经历着微妙的变化，从“我”是新加坡人、“我”是亚洲人，再到“我”是世界公民，新加坡其实是逐步趋近于全球化的，但是却没想到其中的个体仍遭受这样的不公对待。

在疫情蔓延到全球之际，这种根据肤色针对亚裔的事件，不时就会出现几起，必须要加以警惕，但是很多辩护的意见是，毕竟这些种族主义人士只占某个城市或者国家的极少数人，不足为奇。但是正如这位新加坡“义士”所全力反击的那样，“（从）拒绝为一个看起来像中国人的人服务，到出于种族动机的仇恨犯罪，这些行为中的每一个都是基于种族主义。人们用诸如‘这不是我们所有人——只有少数人是种族主义者，这并不反映一个城市或国家’这样的说法来驳斥种族主义。虽然事实上是正确的，但它不仅没有改变这是一个长期困扰人类的丑陋问题的事实，而且它贬低了我们所面临的这个问题。这些年来，种族主义在形式和形式上都发生了变化，鉴于这样的危机，它再次抬起了丑陋的头”。我赞同这个判断，种族主义不是消失了，而是改变了形式而已。

更大的种族歧视事件还在后面，美国当地时间2020年5月25

日，明尼苏达州一名黑人男子乔治·弗洛伊德遭遇暴力执法致死，而且是跪压颈部无法呼吸而死亡，引发民众抗议，但遭到警察压制。骚乱活动持续升级，5月28日示威者甚至占领了明尼阿波利斯市的警察局，进而抗议活动在全美展开，而后在欧美国家也反响不断，乃至在日本这样的东方国家也出现了黑人抗议活动，不过抗议主题竟被部分转化为：抗议日本女性不愿意嫁黑人男性。实际上，这也是另一种种族歧视，通过婚姻形式而呈现的种族歧视，只不过歧视的主体变成了日本待嫁女性，黑人无疑仍是被歧视一方，但是这的确是种族歧视的一种东方文化之变体。

“弗洛伊德事件”，作为一起暴力执法致死案件，并不是关乎新冠肺炎疫情，我们暂且不加以讨论，但的确也关乎“肤色决定论”。正如年仅11岁的美国孩子德克斯特所说的那样：“我特别气愤，又很伤心。我不相信只是因为肤色不同，一个人就能这么对待别人！”还有一位名为尼娅的8岁孩子对未来展望道：“我希望终有一天，能像马丁·路德·金说的那样，人们能因品格优劣而评判我们，而不再以肤色取人！”

尽管抗议正确，但这种超大规模的聚集性抗议可能会让疫情更加严重，它比反对疫情隔离的抗议要激越得多，但却是要从实用的角度加以防范的，可惜在抗议过程当中人们几乎不能按照防疫的规定来执行。但我们可以看到一种深层的转化：欧美民众反对疫情隔离的抗议，已经转化为“弗洛伊德事件”所引发的反对种族歧视的抗议，前者的主题是还我“自由”，后者的主题是要求种族“平等”。在全球人士包括艺术家们都在向种族主义说“不”的同时，还要意识到，其实被害人弗洛伊德才做了这世界上最大的反种族艺术——“我不能呼吸”。事后，逝者的女友在公园放飞气球呼吁：和平，爱，公正！

好在联合国消除种族歧视委员会就此呼吁，美国公开承认社会上存在结构性种族歧视，并明确和无条件地谴责出于种族动机对非洲裔美国人及其他少数民族的杀戮，表示最终要遵守国际义务进行结构性改革结束种族歧视。当地时间2020年6月15日，在复会的人权理事会第43次会议上，联合国消除种族歧视委员会呼吁美国立即通过变革来结束种族歧视，以及履行国际公约义务，消除一切形式的种族歧视。委员会发表的正式声明中，敦促美国政府充分尊重美国于1994年批准的《消除一切形式种族歧视国际公约》（简称《公约》），并确保美国执法官员通过培训和教育课程广泛了解这个公约。联合国消除种族歧视委员会由18名独立专家组成，委员会主席努雷丁·阿米尔表示：“任何人都不应成为种族歧视的受害者，这是公约的本质”，“几百年来，系统性和结构性的歧视充斥着政府机构。这些歧视剥夺了非洲裔美国人在法庭上获得平等待遇的权利，威胁到他们的人身安全，剥夺了《公约》所体现的公民、经济、社会和文化权利”。这无疑又关乎到不同种族之间的平等的人权维护，可以完全确定的是，不同种族对于人权的要求亦是平等的，人权本身没有种族差异。

前瞻未来：偶然性与人类终结命运

这本小书的最后，我要追问个大问题——新型冠状病毒的发生与发展，难道是偶然的吗？我始终关注这个最大的哲学话题——我们的命运与偶然性。

这个追问，也许太过哲学，却切合于实际，但哲学终是关乎人类命运的。如果我们持进化论的视角，从上次的“非典”病毒（SARS）到这次的新冠病毒，海内外科研结果都大致认定，病毒的亲缘关联度非常之高。其中，也有科学研究的数据表明，它们的基因组序列相似度达79.5%，这是偶然的吗？21世纪以来，共有三场全球性疫情现身，并且都是突发的，这难道是偶然的吗?

我们都知道，新冠病毒的初步基因结构序列，乃是我国科学家首先确定的，并在2020年1月7日向全球公开。为了避免这次肺炎命名被标签化，世卫组织将之定名为CoVir-n 2019，后又明确定名为COVID-19，这或许是人类面对的最为聪明与极度邪恶的病毒了。说它“聪明”，乃是因为它变异迅速；说它“邪恶”，乃是因为它对人类危害甚大。

对于新冠病毒的来源，目前还在寻觅与探索之中，也许源头就是寄生在野生动物体内，特别高的可能性是某类蝙蝠身上的冠状病毒，病源追踪工作毕竟还在进行当中，因此不能下定论。但可以看到的是，从2003年在中国流行的SARS病毒，再到中东地区流行的中东呼吸综合征冠状病毒（MERS），其实都是同类的冠状病毒，与这两次旧病毒相对而言，这次才叫作“新冠病毒”。

近期，我的思考也围绕着“偶然”这一主题展开。偶然性其实是个哲学问题，但却与这次新冠肺炎疫情的历史发展勾连了起来。这种思考源自2019年与当代中国思想家李泽厚先生的对话《历史、伦理与形而上学》，这篇文章在2020年1月公开发表，先摘录一段关键之处：

刘悦笛：如果说，历史具有偶然性，那么人生呢？过去您更多强调人生的偶然性，命运大概就是如此。到底是历史的命运，还是人的具体命运？

李泽厚：两者本就联在一起，否则历史就不是人的历史了。历史本就是个体与群体、社会、国家、人类各种不同关系的生存生活和命运。所谓必然，除上述“人要活”这个生物族类的本能外，只不过是在各种可能的因果性中人选择了最强大的那种。

刘悦笛：何意？

> 李泽厚：历史是偶然的，所以，命运掌握在人的手里！
>
> 刘悦笛：这就是您的“历史本体论”？
>
> 李泽厚：所以，历史本体论，就是历史进入形上！

“历史最微妙之处就在于偶然变必然”——这是我在对谈当中增补的题眼之语，可惜后来被删除了。历史发展本具有偶然性，这次新发的疫情也是如此。我想，也许这就是历史最具魅力之处——偶然如何成必然，必然如何又被偶然不断改变。但问题是，这种偶然是如何转化成一种必然的呢？从偶然向必然的转化，难道不是极大的哲学问题和事件吗？

新冠肺炎的出现，难道不就是一种偶然事件吗？它到底是如何产生的，目前还在争论不休。也许这种冠状病毒的原始形态，早就在诸如蝙蝠这种宿主身上存在了万千年以上，一般而言不会传给人类的，但为何这次会偶然传染给了人类？假如这种病毒并不是从原初寄居体上直接传染而来的，那就必定要经过一系列的中间宿主的传递，那么这种传播与喜爱食用野生动物的人们之间，是否存在必然的关联呢？与通常意义上的病毒不同，这次的新冠病毒采取了不断变异的形式，起码在中国武汉地区与欧洲意大利地区流行的病毒就不是同一类型的，那么这种还在进行不断变异的情况究竟是如何偶然发生的呢？

一旦人传人，那么这个病毒其实就不是“自然”的了，而是“人化”的了，可以证明的是人类基本拥有了制造此类病毒的能力，但也有大量观点证明人类也没有那么聪明。数年前，在美国就曾有个经由基因技术制造新冠状病毒跨国合作研究项目，但这种科研不但有风险而且还可能带来致命的危险。因为此项研究被预见到，会改变原有的冠状病毒，从而有可能产生新的病毒，而其特性和感染情况的确不明，所以，在研究中途即被支持经费的美国卫生研究院撤回。后来又出现了不少的阴谋论，无论是美国还是中国的研究机构都曾被怀疑是病毒的“制造地”，也被反复证明是不可能的。无论如何，制造出有剧烈毒性的病毒，不仅有悖狭义的科研伦理，还有悖于人类发展伦理，从第一次世界大战就被大量使用的生化武器，到近年来在局部战争所用的小规模的生化武器，带给人类的伤害难道还不惨烈和残酷吗?!

这就又关系到新冠肺炎的全球大流行，到底是天灾，还是人祸？起码从病毒起源的意义上，目前还没有看到真正的源头，但是在发源方面，一定不仅仅是自然因素在起作用，人为的因素也起到了另一面的作用，因为假若没有单个人抑或人群与动物病原体的接触，那也不会传染给人类的。至于确定了人传人的底线之后，那后面的发展更多还是人为的责任，人类也应该对此承担更多的责任，而不能一切都“甩锅”给自然。

人们曾经希冀随着夏天的来临，病毒可以自然消退，从2020年6月份北京病毒开始出现反复的现象来看，显然这种观点过于乐观了。如果我们意识到这种自然与人化的张力，继续做出诸如食用野生动物的行为，那么，自然的基因突变也会惩罚人类；继续去做对人类传染性病毒的开发，那么，人为的基因再造也会被少数坏人所泄露和利用。于是乎，不可想象，细思极恐，在SARS病毒与新冠病毒之后，人类还将会面临什么?!

如此一来，病毒的再度来临，就不是偶然的了，而是必然的了，因为它是按照规律必定会出现的，只不过出现时的促发条件是偶然的罢了。从这种偶然性之中认识到必然性，这才是人类所要做出的洞见。早在两千多年前，偏爱偶然的古希腊哲学家伊壁鸠鲁就曾告诫人类："必然性是一件坏事；但是生活在必然性的统治之下并不是一件必然的事。"[①]但这是必然的结论吗？从哲学之维反思偶然性，又让我想起了郭象的《庄子注》，郭象阐发的庄子映射出的确实是另一番庄子镜像。郭象独具一格的"独化论"，强调了每一事物的生成皆为偶然而变，万物都是"突然而自得""欻然自尔"和"掘然自得"而成，但同时又有一种"命定论"的人化色彩："夫物皆先有其命，故来事可知也。是以，凡所为者，不得不为；凡所不为者，不可得为"，所以结论是"天性所受，各有本分，不可逃，亦不可加"。

当然，这种哲学家对偶然的倾向，也让我们得以继续深思：偶然性到底是客观实存，还是人化赋予的呢？由此，我们必须面

---

① ［古希腊］伊壁鸠鲁：《自然与快乐——伊壁鸠鲁的哲学》，王玮玮等译，中国社会科学出版社2007年版，第44页。

对所谓“前先祖性”的现实，也就是地球所有生命形态出现之前的一切现实，那时候，自然的变迁到底是偶然的吗？

回到新冠肺炎这个问题，这种新冠病毒一方面可能是长期进化而来的，乃是自然进化的偶然之结果，但一定不是属于“前先祖性”现实阶段，起码是动物进化而成以后才发生的。如果生命出现之前的一切都是偶然发生的，那么，生命出现之后的长久进化也基本上是可以被视为偶然的，人类出场之后，在逐步掌握自然的必然性之后，对于偶然的掌握才大有改观。由另外一种视角观之，偶然与必然无非是人类所“见”的结果，没有人类，也就无所谓必然与偶然，这两种“然”都是就人类而言的，“前先祖性”的现实并无偶然问题。

这就令人想起，我们这个地球曾经是恐龙这类大型动物的天下，那么，恐龙究竟是如何灭绝的呢？这大概已成为科学常识，那就是大约6500万年前的白垩纪所发生的那场地球历史上最重大的事件，亦即中生代末白垩纪生物大灭绝事件。恐龙作为中生代的多样化优势脊椎动物，生活在距今大约2.4亿至6500万年前，曾支配全球陆地生态系统超过1.6亿年之久，可谓地球的无敌霸主。但是“恐龙时代”为何突然终结了呢？有一种还算主流的说法，是说小行星撞击地球，引发了全球性的灾难，由此恐龙大灭绝。那么问题来了，人类会面临这样的整体命运吗？大家都知道，彗星撞地球，目前所见仍是低概率的偶然事件，那么假若真的如美国好莱坞大片所想象的那样，人类真的会走向终结吗？

谁将会来拯救人类?

这次新冠肺炎疫情的全球大流行，有两个英文词来加以形容，那就是epidemic和pandemic，如何区分这两个词关系到对这种疫情的基本理解。按照感染控制和流行病学专业人员协会（APIC）在网站上的解析：“当一种传染性疾病迅速传播给许多人时，就被称为epidemic。”通常，epidemic发生之前会有疾病暴发，即为“某种疾病案例的突然增加”，但这种暴发可能影响到单个社区或几个国家，但规模比epidemic小得多，而比epidemic规模大得多的则是pandemic。如果一场epidemic不能被控制住，还在不断蔓延，公共卫生官员可能就要开始称之为pandemic，意思是这场流行病已经影响到世界不同地区足够多的人，达到了全球性暴发的程度。

世界卫生组织在2020年2月24日曾警告说，本次新冠肺炎疫情不能用pandemic来形容，就连美国国家过敏和传染病研究所的所长安东尼·福奇本也曾告诉CNN：“老实说，这确实是边界语义学。我想你会听到人们各执一词。不同的人对pandemic有不同的理解。”但我却更赞同用pandemic来形容这场新冠肺炎的全球疫情，而且后来愈演愈烈的情况也证明了这种使用是正确的，应联合国教科文组织国际创意与可持续发展中心（ICCSD）邀请所撰文章就是“COVID-19 pandemic: Chinese traditional survival wisdom”，翻译成中文名就是《新冠肺炎大流行：中国传统的应对智慧》，读者们想读此文的英文原文可以参见本书的附录。

既然pandemic就是全球性的流行病，新冠肺炎难道不是全球大流行吗？可以肯定的是，pandemic感染的人甚多，导致的死亡人数甚多，还可能对社会和经济造成广泛的影响，新冠肺炎疫情这几点标准基本都达到了。1918年到1919年的西班牙流感曾在全世界导致2000万至4000万人丧生，但新冠肺炎疫情还没有达到这种程度，毕竟人类有了更多的科学与行政手段来控制疫情。离现在更近的2009年的甲型流感也被称为pandemic，但新冠肺炎疫情所带来的死亡人数较之要大得多，且死亡人数一直在持续增长……

世界卫生组织总干事谭德塞在2020年6月22日就表示，新型冠状病毒大流行仍在加速之中，世界正处于一个新的危险阶段，其影响将持续数十年，“我们呼吁所有国家和人民保持高度警惕”。这个判断的确是惊人的，这数十年的影响，一定会超出21世纪以来的所有流行病的影响力了。

谭德塞在健康论坛视频会议上做出表示，“在一个分裂的世界里，我们无法战胜这种流行病”，“疫情的政治化加剧了这一问题。在我们所有人都安全之前，没有人是安全的”，所以说，世界面临的最大威胁不是病毒本身，而是“缺乏全球团结和全球领导”。这意味着，新冠肺炎疫情只能全球共同加以面对，从而找到可以缓解乃至解决之道。我选取北京时间2020年6月22日20时33分许为时间节点，根据美国约翰斯·霍普金斯大学实时统计数据显示，截至这个时间，全球新冠肺炎确诊病例逼近898万例，累计死亡超46万例，多么惊人的数字！

有一种奇特的反人类观点，说人类才是这个世界上的病毒，新冠肺炎也许就是地球的一种自洁机制，最终可以把人类消灭掉，或者赶出地球，但就目前人类的科技水平，逃离地球也是无处安生。最早发出这种声音的，乃是以色列总理内塔尼亚胡。据以色列当地时间2020年5月8日晚间的一则电视新闻上报道，这位总理曾向利库德集团几名议员发出警告，说如果海外报道“已康复新冠病患再次检测出阳性”的消息准确，这意味着人类可能面临灭顶之灾，因为这场大流行是“一个全球性及全国性事件”。早在3月22日，内塔尼亚胡还曾表示，疫情可能成为自中世纪以来对人类最严重的威胁，虽然谈不上唯一的“最”，但一定是最严重的威胁“之一”。

其实，以色列总理的表态也只是冰山一角，私下里不知有多少人，对于这次疫情持悲观主义的态度，但大家目前都还是“盲人摸象”而已。据《以色列时报》援引以色列第12频道的报道，一位利库德集团议员回忆内塔尼亚胡的话说，“有关于再次感染病毒（新型冠状病毒）的海外报道”，“如果这是真的”，“可能意味着人类的终结”！

人类终结，大概也会是个偶然性事件吧，如果未来我们人类真的要面对这个必然覆灭的命运。正如科幻作家刘慈欣所警示的那样：“整个人类历史也是偶然，从石器时代到今天都没什么重大变故，真幸运。但既然是幸运，总有结束的一天；现在我告诉你，结束了，做好思想准备吧。”其实，历史发展的确具有很大的偶然性，但是历史真正有趣的乃是，偶然性转变为了必然性。可惜的是，刘慈欣仅仅关注到了偶然性，仅存偶然性那么历史就成了一盘散沙。然而历史延展毕竟具有自身的规律，这似乎是无法否定的，但人类似乎也不是按照所谓“热力学第三定律”走向死寂的，亦即并不是按照“熵”定律而客观而行的，而是始终要用人类对必然的掌握，来抗争偶然性的未来的命运与偶然性的命运的未来。

人类终结与人类未来，这是个超大的问题，对人类而言乃是最大的问题。既然终结了，你也就不会再有未来了，但是人类还在从当下延展他们的未来，起码人类不会主动地自我终结，当然被动地“被终结”那也不是没有可能。面对未来，福山这样的政治学家所见的只是“自由市场意识形态即新自由主义”在疫情之后的终结，包括他此前的“历史的终结”的观念其实都有些“短视”，倒可以超出自由主义乃至历史终结的限度，来直接思考人类终结的大话题。

我们这个时代，经济的发展，政治的变革，科技的进步，都是在急遽变化的，特别是在新冠肺炎划分出“疫情前与后疫情”时代之后。但是，必须承认的是，人性结构的进化，情理结构的改变，却是如此缓慢。中国人的“情理合一”的智慧，可以为当今的疫情起到适度救赎的功能，那就要采取一种“亲亲而仁民，仁民而爱物”的基本立场，来化解人与自然、人与社会、人与人、人与身心、人与诸文明之间的矛盾，从而把这次人类灾难的悲剧性降低到尽可能低的程度吧。

魂归何处：回归智慧，生活万岁！

在第二十四届世界哲学大会上，受到《光明日报》的邀约，我曾与时任国际哲学团体联合会主席、爱尔兰皇家科学院院士、国际著名现象学家德莫特·莫兰进行了一番深入的哲学对话。从1900年巴黎会议至今，世界哲学大会已历经118年，2018年是第一次在中国举办，来自世界121个国家和地区的6000余名哲学家代表和哲学爱好者受邀参会。

我以这篇中西哲学之间的对话，来作为最后一章，献给这本小书的读者们！因为这涉及哲学思想对“人之为人”的深层塑造：

刘悦笛：从本届世界哲学大会的主题谈起——“学以成人”。从历届世界哲学大会主题演变来看，这次的主题看似颇具东方性，那么，究竟如何理解这个主题呢？该主题被杜维明先生提出后据说有所争议，西方学人大都担心哲学由此就被狭窄理解为教育哲学。其实不然！《论语》开篇就讲“学而时习之，不亦乐乎”，但这并不是狭义的学与习，而是广义的“成人之教”，这是中国儒家文明力主人文化成的强项。对于哲学而言，人如何通过哲学得以成人？这正是延续第二十三届世界哲学大会的主题“审问明辨与生活之道”，起码在中国哲学意义上，思与行乃是合一的，哲学作为爱智之学同时就是一种生活方式。就广泛的意义上来说，“学以成人”是否意味着，通过哲学达到人类未来的“大教育”呢？

莫兰：“学以成人”这个口号既有普通的和日常的意义，也有特别是在儒家传统中更高的意义。据我所知，在普通意义上，在日常中文口语中，它可以指“像成年人那样做”。口语中，它也可以意味着“尊敬位高者”。因此，“学以成人”至少要涉及对尊敬、服从、良好举止以及良善道德行为的教育。对于哲学家而言，那意味着尊重我们思和行所依赖的传统根源。然而，在儒家意义上，“学以成人”也包含着反思成人（being human）本质的召唤。它可以被视为一条律令，要求我们学习培育和提升我们的人性。“学以成人”可以指为了自我这个目标来学习。总之，“学以成人”有着深刻且丰富的含义。的确，我们是人而且是不完美的人，所以我们穷尽一生去学习如何成为更好的我们。

刘悦笛：当今世界哲学正处于多元文化的变局当中，从最初的比较哲学、跨文化哲学到如今的文化间性哲学，比较的前提是分殊，我与你是不同的；跨文化则为了互动，我与你是要“和合”的；而文化间转向的任务则是整合，我与你是“和而不同”的。您如何看待在当今全球化的语境下文化多元性对哲学的影响，这是由哲学变动所带来的文化分殊，还是因文化多样性所带来的哲学之变？

莫兰：第二十四届世界哲学大会具有多样性和包容性的学术议程安排，证明了哲学本身的丰富性和多样性。我们现在都生活在全球文化中，而哲学被要求做出相应的回应。第二十四届世界哲学大会的规划充分考虑到体现全球包容性和多样性的需要，中国组委会在保证并满足这种多样性方面做了很多工作。在这届哲学大会上，没有谁会被排斥，没有哪个传统或思想方式会被丢弃。

刘悦笛：既然每种传统与思想方式都得到平等尊重，那么，在其中扮演了不同角色的哲学家应该在世界文明交流或对话过程中扮演什么角色？从第二十四届世界哲学大会来说，中国哲学研究者参与度是极高的，他们既注重传统并吸纳外来，同时又在返本开新，进行创造性转化与转化性创造的工作，由此中国哲学在未来将会扮演什么样的世界角色？

莫兰：中国哲学也许是世界上最古老且连续的哲学传统——在亚里士多德出现前的一个多世纪，孔子就已经开始讲学了。中国哲学是非常深刻，也非常多样的——我们有伟大的思想家孔子、孟子、老子、庄子、朱熹、王阳明，我们有墨家、佛教、道教，以及儒家和新儒家。近代以来，中国也迎来了美国实用主义（杜威）和马克思主义。但中国始终是吸收和采纳外来思潮并使之本土化。这一定是由于中国文化的力量，当然也是汉语（中文或中国语言）的力量。这次大会之后，再也不可能忽视中国哲学了。东西方将进行更富有成效的对话。

刘悦笛：在中国哲学情境当中，人的存在本身就是人的生成的过程，人（person）是成为人（personing），这是上个月在德国举办的中德哲学对话会上得到的启示。中国哲学家更关注作为过程的哲学，西方学人很早就用过程哲学来阐释中国，如今也在面对时代的转变，我就曾提出“儒家后人文主义”（Confucian Posthumanism）的话题来加以应对。你如何看待后人类或跨人类的状况，特别是如何面对来自人工智能之类技术的新的挑战？同时，我们还身处生态危机日益严峻的全球环境之内，哲学智慧如何发挥力量？

莫兰：在当代哲学中，特别是在海德格尔和福柯之后，哲学关于超人和后人，关于超越人之物有着相当的争论。在这方面，我们不仅要思考动物和环境，以及像机器人和半械人这样的人造物，也要思考什么是反人类。这不仅涉及世界上很多人生存的不当条件，还涉及不自由的人或者被剥夺了自身权利的人。

一些哲学家批评欧洲启蒙的人文主义，因为他们在思考人类本性方面不够激进。但是，对奴隶制的批判在欧洲启蒙中出现，所以就像人文主义者主张的，我认为它有更丰富的资源。然而，有必要思考人类的极限——我们是有限的存有——我们根植于环境中，我们依靠清洁的水、氧气和食物——所以我们必须重新思考我们在世界上的地位。中国哲学一向认同与自然和谐相处的需要，自然也在不断变化。然而，存在着巨大的环境问题，威胁着人类在地球上的持续存在。中国哲学也许忽略了科技进步的真正危险——所以我们需要腾出更多的空间来进行对环境的思考，保持对动物痛苦遭遇的敏感，等等。

刘悦笛：再回到成人的问题，从儒学的视角来看，汉学家们更多以群体性反对个体性，比如罗思文生前留下最后一本著作就是《反对个人主义》，那么出路似乎在于，重新发掘家庭或社群的社会平衡作用，这也许是关乎您所研究的胡塞尔“主体间性”之间的互动。还有就是，社群主义也并没有给中国哲学提供正确道路，因为它恰恰忽略了社群当中人与人之间的情感关联，您认为社群主义是当今政治哲学的正确出路么？

莫兰：所有人类都属于家庭和社会群体，甚至是语言群体。因此，我们绝不仅仅是一个孤立的个人。不过，我们必须尽量保持个人与社会之间的平衡。当代文化赋予妇女和儿童以新的权利，例如更充分地参与到公共生活当中。因此，我们需要始终思考作为人要如何尊重个人以及个人的教育和发展，以及如何保护他们的社群、语言和团体。例如，欧洲联盟承认了许多官方语言——不仅是英语、法语和德语等大类，而且还有芬兰语或匈牙利语等较小的语种。所以这是一个艰难的过程——但它也是必要的。同样，我认为社群主义可以使得共同体得以独立——它必须能够让共同体在更大的统一中联合起来。这给政治哲学提出了新的问题。我没有任何能直接给出的答案。胡塞尔在这里有一些好的想法——他想保护国家和“超级国家”这样的大的共同体。我们需要某种方式来做到这一点——管理人类的全球文明，同时保护人民的独特遗产。

刘悦笛：中国有一个独特的思想观念叫“天下”，很多当今中国哲学家聚焦于此，譬如我的同事赵汀阳就致力于这方面的建构。天下观，作为一个植根于中国传统的政治哲学新模式，需要警惕的是其背后隐藏的民族主义倾向，毕竟“天下大同”的本质规定是天下为公，它不同于“一同天下”的本土中心主义，正如西方的世界主义背后所预设的欧美中心主义一样，您如何看待这些思想分殊呢?

莫兰：我喜欢天下的想法，但我不知道中国在这些议题上的政治辩论是什么。我很乐于对中国政治界有关人士之间的辩论表示尊重。同样，我认为在人民之间有一种团结的感觉是很重要的。但我们也必须尊重分歧。最重要的是，我们必须以开放的心和尊重他人的心情进行讨论。这就是我在开幕演说中建议的。

刘悦笛：中国近些年来提倡建构一种保护环境的生态文明，但也不得不同时面对经济发展所产生的环境代价，环境哲学或生态哲学在未来将会发挥什么样的作用？起码西方那种环境哲学主流的那种“荒野模式”我是极不认同的，反而中国传统的“天人合一”模式，既接受自然人化又与自然和谐共处，才是更适宜走的路。

莫兰：千百年来，中国“天人合一”的艺术和文化一直受到尊重。然而，现代化不仅给中国带来了巨大的压力，也给所有国家造成了极大的威胁。现在我们不能回头，我们必须接受技术，但我们需要一种新的哲学，帮助在这个新的技术框架中处理人和自然之间的关系。这是一个巨大的挑战。

刘悦笛：最后一个问题，关于哲学与大众的关系问题，哲学对今天的公众还有用吗？对于普通人来说，我们应该如何实践哲学呢？

莫兰：我们作为人类总是生活在某种哲学中——不管我们是否意识到。因此，自由市场在许多方面都受亚当·斯密思想的制约；同样，我们生活在马克思主义或基督教或伊斯兰教的思想文化中——这些也总是由哲学家解释。所以说，普通人已经生活在哲学之中。重要的是，人们接受教育来认识和对这些伟大的哲学思想进行辩论。我们知道，奴隶制受到哲学家的挑战，哲学家反对压迫妇女，哲学家对生活的最佳方式有很多不同的想法。我倾向于认为——中国人骨子里是很哲学的。他们渴望哲学思想和教育。这给了我很大的希望。

在疫情暴发之后，莫兰又被《文汇报》采访，他曾提到在人民大会堂2018年世界哲学大会的开幕式上提及合作的重要性，国际学术交流是经济和政治合作的榜样。他在世界哲学大会开幕大会的主席致辞中提出：我们正处于多种全球危机之中，包括政治、经济、社会，难民大规模流离失所，环境以及我们的传统、信仰和价值观念的危机。尽管我们的时代取得了非凡的科技成就，也许从未出现过这种全球性的不安全感和不信任感，但这次新冠肺炎疫情的全球弥漫，更加深了这种全球性的危机。

我非常赞同的一点，就是莫兰重提“生活世界”的问题。在后疫情时代，人类的“生活世界”的重建，起码在我看来乃是核心中的核心。莫兰也认为，“未被承认的生活世界”是重要的哲学命题，文化差异都不应被低估：“我确实认为，对新冠病毒的反应存在着明显的差异，这些差异基于根深蒂固的文化习俗和信仰。例如，西方人很难学会在见面时不握手。在德国，一些城市将鲜花店开放，因为它们被认为是‘基本服务’。关于宗教聚会的自由，一直存在着非常困难的辩论，在印度，在美国，特别是在基督教徒和犹太教、东正教教徒社区中，以及在许多穆斯林占多数的国家中。这些都反映了我们的文化已深植于生活世界的必然事实。我相信，埃德蒙德·胡塞尔具有先见之明，他将未被承认的生活世界确认为当前的重大哲学问题之一，此生活世界为我们的科学奠定基础并且塑造了它们。许多马克思主义哲学家，包括尤尔根·哈贝马斯，以及自由主义政治理论家，例如约翰·罗尔斯，他们都承认，他们低估了宗教在公共生活中的作用（哈贝马斯预计会出现全球世俗主义）以及非西方形式的宗教形式的出现。在成功的亚洲国家中建立了稳定的政府，而不是自由民主制，这都是因为即使在这个全球技术时代，它们也低估了塑造我们社会的文化和历史生活世界的作用。因此，在考虑大范围的问题时，我们始终必须注意当地的文化条件。”① 不同的文化对于这次疫情的确都有不同的应对方式。

莫兰还洞见到了中美之间应对方式的差异及其效果的不同，他认为，个人主义让美国购枪兴盛，儒家传统强化合作和尊重政府及慷慨相助。具体而言，“从不同的反应来看，很明显，美国的个人主义导致许多人想要无视或反对政府的限制。因此，在美国，由于私人市民不依靠国家保护自己，因此他们购买枪支的人数大大增加，以此武装自己。具有深厚儒家传统的中国文化在这方面更具社会性和合作性，并且更加尊重当局，也许更容易使当地居民遵守为防止这种疾病传播而施加的社会限制。我们也看到

① ［美］德莫特·莫兰：《在美哲学家莫兰：疫情限制让人渴望拥抱，日常生活“万岁”》，《文汇报》2020年4月20日。

了人们的慷慨大方和互相帮助的情况。中国目前在治疗COVID-19病毒方面拥有丰富的科学和医学专业知识，并且这些知识正在与世界各地的医生共享。”[①]

在行文接近末尾，我还要喊一句同样的话语，那就是“生活万岁”！

这让我想起美国女哲学家玛莎·纳斯鲍姆，她曾提出“人性尊严所要求的应当是一种什么样的生活”，兹事体大，在兹念兹！

在纳斯鲍姆的代表作《寻求有尊严的生活——正义的能力理论》当中，她确定，在最低限度的意义上，十种核心能力——“生命”（life）、“身体健康”（bodily health）、“身体健全”（bodily integrity）、“感觉、想象和思考”（senses，imagination and thought）、“情感”（emotions）、“实践理性”（practical reason）、“归属”（affiliation）、“其他物种”（other species）、“娱乐”（play）、“对外在环境的控制”（control over one's environment）——之充裕是必须实现的[②]。这意味着，每个人都是行动于其中的人类生活的诸多领域当中，人性尊严所要求的生活也是全面的，一种体面的政治秩序必须保证全体公民在这十种核心能力上得到最低限度的满足。

---

① ［美］德莫特·莫兰：《在美哲学家莫兰：疫情限制让人渴望拥抱，日常生活“万岁”》，《文汇报》2020年4月20日。

② ［美］玛莎·纳斯鲍姆：《寻求有尊严的生活——正义的能力理论》，田雷译，中国人民大学出版社2016年版，第24－25页。

在这十项基本人类能力当中，诸多选项与这次新冠肺炎疫情息息相关。首先就是“生命”，亦即正常长度的人类预期寿命，但是疫情的突袭，却带来太多老年人带着并发症去世，养老院往往成为疫情肆虐之地，乃至一些老年人在走向死亡之前，其生活质量已经降到了不值得活的水平了。

其次为“身体健康”与“身体健全”，这二者还是有本质区别的。“身体健康”是指拥有良好的健康水平（包括生殖健康），可以摄取充分的营养，还有体面的居所。新冠肺炎对人的健康产生了甚大的破坏，有研究者认为一旦发病就会带来不少的后遗症，特别是对生殖系统产生影响。出于控制疫情的考量，不少地方停工停产，很多人失去了工作，不能得到营养补充，甚至搬离了居所，不少人也因此还不起房贷。“身体健全”则主要是指：第一，可以在各地之间自由迁徙，但这项权利却在疫情严重发生之地被剥夺了；第二，免于暴力攻击的安全，前面提到很多黄皮肤的人士因疫情受到攻击即属此类；第三，有机会得到性的满足，并在生育事务上有选择的机会，这一点倒是出现了某种反转。

再次指向人类的“情感”，也就是让人“有爱的能力，可以去爱外在于我们自身的人与物；爱那些爱我们并且关怀我们的人，因为他们的离开而悲伤；总体上说，可以去爱，去悲伤，去体验渴望、感激和有正当理由的愤怒。切勿让恐惧和焦虑毁坏一个人的情感发展。（培育这一能力，也就意味着要支持各种形式的结社，只要可以证明该社团在能力发展中是关键的。）”[①]。实际上，新的疫情重新检验了人类的情感能力，让人类形成更紧密的关爱的关联，这在上面已经充分论述过了。

再其次，则是“归属”，它具体是指：“（A）能够与他人共同生活在一起，承认并且展示出对他人的关切，参与多种形式的社会互动；能够设身处地地想象他人的处境。（如要保护这一能力，就要保护那些构成并且培育此类归属的制度，还要保护结社和政治言论的自由。）（B）享有自尊和禁止羞辱的社会基础；作为一个有尊严的存在而得到对待，其价值等同于他人的价值。这要求禁止基于种族、性别、性倾向、民族、种姓、宗教和国籍身份的歧视。”[②]新的疫情也在考验人类的共生能力，如何让每个人都能在相关联当中有尊严地共同生活，这就不仅要动用“冷”的理性，而且要实施“热”的情感。

最后，还与“其他物种”相关。这一项生活能力，主要指在生活中可以关注动物、植物和自然世界，并与它们保持联系。这就不囿于人与人之间的关怀了，而是指向了非人类的动植物引至整个自然。如果这次新冠肺炎疫情真是人类食用野生动物而起的，那可真的要重新调整人与动物之间的适度关联，最好要保持

① ［美］玛莎·纳斯鲍姆：《寻求有尊严的生活——正义的能力理论》，田雷译，中国人民大学出版社2016年版，第24页。

② ［美］玛莎·纳斯鲍姆：《寻求有尊严的生活——正义的能力理论》，田雷译，中国人民大学出版社2016年版，第24页。

一种“不即不离”的关系，既不太远也不过近，而是保持一种适“度”的关联。在中国古代文人看来，“烹鹤”乃是最大煞风景之事，如果在这种关系当中破界了，那么人类也终将成为被惩罚者，人类对自然盘剥越多，就越会在将来面临大自然无法预料的报复。当南极洲在今年以来不断打破有史以来最高温度纪录时，那还谈何人对自然的控制，也许，自然的回击已经为时不远了。

我们可以充分想见，疫情过后，哪怕我们进入到所谓“后疫情时代”，人类历史也会因这次疫情而分割开来，但是所有的人，不管是老百姓还是某些自以为特殊的人士，都还要过上人类的生活吧，起码是正常生活吧。我并不太相信，这场疫情就此就与人类相伴，人类的智慧最终还是要战胜病毒的，病毒虽然聪明，但是人类定更有智慧。

疫情过后，人类还是要追求他们的“美好生活”吧，还是要追寻属于自己的幸福吧。外媒把“美好生活”翻译成了 good life 或者 better life，翻译回中文就是“好的生活”或“更好的生活”。如果“好”或者“更好”就可以描述一个有品质的生活，为什么中文里还要加上这个“美”字呢?

普通人认为，什么是好生活?老婆孩子热炕头，有车有房，有点小爱好，有闲钱消遣，那就是好日子，也就是我们常说的小日子。小日子不过是物质生活被满足的日子。“小康生活”一度是中国人眼中的好生活。但是小康生活之上，那是什么生活呢?

实际上，在好生活之上的，其实就是“美”生活。美之所以重要，就是因为它代表着在“好”以上，我们人类的更高追求。美好生活，说的实际上是两种生活：一种是好的生活，另一种是美的生活。好的生活，就是有质量的生活，美的生活，就是有品质的生活。那么，两种生活之间的关系是什么呢？好的生活，一定要构成美的生活的现实基础，而美的生活则是好的生活的理想升华！

这就指向了我们的幸福生活或生活幸福。正如哲学家康德所指出的那样：权力、财富、荣誉，甚至健康及完全的福祉和对自己状况的满足，均归于幸福之名下，但这是远远不够的，其实，幸福是个“大美学”的问题而非伦理学问题，幸福生活并不是权力的享有、财富的占有、荣誉的获取、健康的保证等自我满足，而是一种包孕美感的更高级的生活形态。

中国哲学家冯友兰认为，人生由低向高构成了四重境界：“自然境界”“功利境界”“道德境界”和“天地境界”。自然境界是求“本能的善”，人类最基本的欲望的实现都属于这一层次；功利境界是求“个体的善”，但是其中的人类行为仍是以“取”为目的；道德境界则是求“社会的善”，此种境界里的人类行为以“与”为目的，追求个人与社会的关系上的统一。然而，前三重境界都不是至善境界，也不是美的境界，只有天地境界才求“宇宙的善”，同时，这个最高境界也是至美的境界，也就是美善合一之境。

所以，人的幸福是分层的，每个人感受的幸福感也是不同的。有人认为自然境界的满足就是幸福，有人认为功利境界的满足方是幸福，还有人认为道德境界的实现才是幸福，但这些幸福都没有达到“天地境界”，而这最高的“天人合一”的积极自由之境，才可以称为人类所共同追寻的高层次境界！

结语：走向“大启蒙”，熔铸情理文明

新冠肺炎疫情来了，人们靠什么活？你、我、他（她），如何去活？

难道还有比这更大的人类整体问题吗？起码在当下及后续相当长的历史阶段，人类都要面对这个“活着”的根本问题，兹事体大，必须应对。

“疫情”翻译成英文可以是pandemic，意指全球性流行病或疾病全球大流行，它的希腊语词源为pandemos。追溯词源，在希腊语当中，“pan”指“所有”抑或“无处不在”，而“demos”则指“人”。这也就意味着，世界上几乎所有的人，都无法摆脱疫情的影响，无论这种影响是像被感染者那般直接的，还是旁观者那样间接的，我们几乎都无法逃脱这种疫情影响了。

中国人有自己的“通情达理”的生存智慧，它不仅已经正在解决中国自己的困境，同时可以提供给世界。这种生存智慧，所背靠的乃是中国人的哲学，中国人的哲学不仅成为指导践行的“生活之道”，而且也形成了一种指导方向的“生活艺术”。

那么，中国人的哲学智慧，对这次疫情是如何给出应答的呢？这种中国方式就是让人与自然和谐共生、人与社会和谐共享、人与人和谐相处、人与身心和谐安顿。与此同时，让中与外、古与今得以和谐共存和相互转化，从而以“大启蒙”的姿态走向一种“情理文明”。

疫情既关乎每个人的命运，也关系到共同体的命运，无论是人类共同体，还是中华民族这个共同体，我们该采取什么样的态度与姿态来应对之？在疫情严重期间，更多国家采取了隔离的手段，这当然是一种理性的科学选择，但是一定不要忘记，这种选择背后藏有的感性动力——那就是人对人的“同情心”与“关怀力”。如果没有这种情感动力，那么，世界与人际都将会是冷酷无情的吧。

我以为，通过新的疫情，可以让人走向“大启蒙”，并且给世界以新的启迪。在导言当中，我就说过，西方启蒙现代性的价值观，就在于“理性主义”“个人主义”与“功利主义”，我们则要应对启蒙的西方缺失，而以“情理合一”的原则来拓展启蒙。实际上，20世纪以来的“中国启蒙”就是一种“大启蒙”，它尽管是一种后发的启蒙，但结合本土传统后，却可以为世界文明提供一种新的发展范式。中国启蒙毕竟是“中国的”启蒙。这就需要这种本土化的启蒙，要实现一种启蒙的本土化。

所谓“大启蒙”，是我近年来提出的一种拓展启蒙的思想，它就是要破除启蒙带来的种种异化现象，让启蒙理性不再以理性为绝对中心，这就需要东方智慧来平衡西式启蒙的偏颇。“大启蒙”恰恰是要找回人类的情感，以人情来对理性加以均衡，使得人类获得一种完整的“情理结构”。因此，未来的全球社会需要一种“大启蒙”，这种启蒙既反对理性中心主义，又不流于唯情是举主义，而是走向了一种既合情又合理的新的启蒙通途。

实际上，作为“生活之道”与“生活艺术”之中国哲学，不是无用之学，可以帮助提升人性结构，不仅有理性层面的，还有感性方面的，中国人“合情合理”的生存智慧对应对疫情定大有益处，这从共度时艰的疫情期间与疫情减弱后的复苏时期的中国人的应对都可以得见，我们正是受益于这种数千年传承下来并不断返本开新的生存智慧。

这可以从人与自然、人与社会、人与人、人与灵肉体、不同文明之间和传统与现代文化之间的冲突这五个基本层面分而观之。

首先，人与自然有冲突，但更要和谐共生！

新冠病毒可能被认定是从食用野生动物起始的。西方“动物权利主义”者认为，动物应该享有与人一样的权利，动物不该被人类作为占有物来对待，尽管这种观点看似极端，但也有一定的道理。依儒家“爱有等差”之原则，为何人们对宠物溺爱，对野生动物就不是呢？中国古人与应对自然也并不是彻底顺应，而是走了一条适度的自然人化之途，就像文人“笼鹤”而放鹤一般，要与动物保持“不即不离”。当然可以肯定的是，自然本身具有“内在价值”，而并非“工具价值”。统治与控制自然，必然要让步于与自然的共同进化与共生，那种英雄的个人主义面对自然绝不足取，但是彻底翻转归来，以生物为中心、以生态为绝对中心也不太可能，那人安放于何处，西方环保主义其实也有失偏颇。

其次，人与社会有冲突，但更要和谐共享！

这次应对新的疫情，就需要人与社会之间的“合作”，这就既需要人们之间的“联合生活”，也需要共享“共同交流经验”。美国哲学家杜威就认为，每一种在其民主方面未取得成功的生活方式，都对人们之间的“接触”“交换意见”“交流”和“相互作用”有所限制，而人们的共通经验正是通过这些交往而稳定下来并因此得以扩大和丰富的。然而，西方式的那种“自由主义”在中国却是有限度的，如果遵照自由主义理念，疫情就不该隔离每个个体，但这就会给社会带来极大的危险。另一种西方化的解决方式乃是“社群主义”，但是很遗憾，这种社会建制也是通过“无情”的人际关联来建构而成的。所以，我们要采取一种“情理相融”的应急机制，采取一种“同情”与“关怀”为内核的情感态度，来应对自然灾害的偶然性，社会不仅需要硬性的体制来维持，而且需要软性的交往来维系。

再次，人与人有冲突，但更要和谐相处！

君不见，在这次对抗疫情期间，出现了多少见诸报端的人与人的冲突，或者因为一己之私要强闯社区，或者因为掌握公权力就控制他人，前者往往因为个体情感理由而对抗制度规范，后者常常执着于强权理性而不顾及人人平等。人与人相处，恰恰要有

“度”，而这既不能不足又“过犹不及”的度，也既要合情又要合理才能被普遍接受。因为，每个人都不是孤独存在的，他者永远就在我们身边，而且融入我们的生活之中，除非我们成为活在丛林里作为单体的人猿泰山。所以，每个人与他者的关系，便构成了每个人生存的前提条件，法国哲学家列维纳斯“伦理学作为第一哲学”的观点就有此意。然而，必须从中国思想的根基处看到，这种人与他人的相处并不是皆为“冷冰冰”的理性关联，还有“热乎乎”的情感维系。

再其次，人与自身的心灵与肉体有冲突，但更要自我安顿！

众所周知，中国人在过了一个不寻常的封闭春节后，很多地区采取了更加严格的控制措施，全国各地被隔离的时间长短不一，后来又出现了不少反复的情况。如此情境，中国人如何安顿自己的身心，也就变得愈加关键。于是乎，不少人的心理问题就凸显了出来。这些心理问题并不能只靠心理疏导来解决，也不能单纯地诉诸科学理性与伦理理性的方式，而同时要情理合一地来加以解决。“我应该如此去做”与“我安于如此为之”，显然是不同的，但却可以结合起来。正如孔子当年问守丧几年，答曰全靠“心”安。当然，心与身之间也要处于和谐的关联之中，疫情封闭期间的自我锻炼与身体塑造也是必要的吧。身心的安顿，恐怕仅靠理性的mind（思维）是不够的，还需要感性的heart（心灵）来辅助，并在理性与感性之间达到动态的平衡与统一。

最后，不同文明之间必有冲突，传统文化与现代文化之间必有冲突，但更要和谐共存!

在中国，这些外在与内在的冲突便构成了中与外、古与今的张力结构，而且21世纪以来呈现出愈演愈烈之势，这次新疫情让中国倍感压力。随着中国成为世界第二大经济体，2020年初又被美国取消了发展中国家待遇，中国与诸强国之间的政治经济文化冲撞日显。当然，儒家还可以采取柔性智慧来化解“文明间的冲突”，让“儒耶对话”与“儒回对话”得以多元共生。传统思想文化与现代性之间的冲突也是如此，亟须一种创造性的转化，好在我们正在途中。新的疫情也带了这种古今矛盾，疫情要靠科学来防，而非玄学来止，在网络上竟有不少迷信的理论阐释与实用手册，令人瞠目。其实中国文明发展的基本原理很简单：在古与今之间，“古”要返本开新，“今”要植根本土，这才是华夏文明生生不息的动力源与原动力。

直面新的疫情，我们中国人势必要继续遵循科学原则，继续拓展民主意识，但并不能走“人不为己、天诛地灭”那种个体化之路，也不能行“只为集体、牺牲个体”那种无私化之道，这就要用上中国人“执两用中”的大智慧。西方个人主义之路在应对疫情方面所面临的窘境，除了政治与经济诸多要素之外，还要考虑到根本的生存智慧上是否出了大问题。

中国人在历史艰难前行中形成的乐观主义告诉我们，疫情终将会过去，既然福祸相依，那么如何转祸为福，这就靠“情理合一”的智慧。让我们“合情合理”地度过疫情，疫情过后，我们还要继续追求中国人的“美好生活”呢，那就让坏事变好事——通过新的疫情让中国人走向情理文明！

简而言之，走向“大启蒙”，已为中国人提供一种更为博大的生存智慧，而且可以为全世界贡献出一种避免走向偏狭之路的新方向，从而熔铸出新型的“情理文明”！

附录

COVID-19 pandemic: Chinese traditional survival wisdom

Liu Yuedi

(Researcher and professor of Institute of philosophy of Chinese academy of social sciences)

COVID-19 pandemic has not only related to individual fate of each person, but also pushed people across the world into difficult times and uncertainty; therefore, it has become a global issue both the community of shared human future and the community of nation-states must take seriously. So, how can the Chinese people defeat the pandemic in a reasonable and sensible manner? In this circumstance, Chinese people rely on their traditional survival wisdom to deal with the outbreak.

First of all, human-nature relationship may have cacophony, but should maintain its harmony in coexistence.

The ancient Chinese did not deal with nature in a completely compliant way, but maintain a discreet distance with animals. In order to rule and control nature, it is necessary to yield to and coexist with nature. Human beings should actively protect nature rather than passively give way to it.

Second, human-society relationship may have disharmony, but should sustain harmonious sharing.

It requires the "cooperation" between people and society during COVID-19 pandemic response, which means not only the harmonious coexistence between people, but also the exchange and sharing of response experience. Every way of life that succeeds in its democracy requires contact, sharing of views, and interaction between people.

Then, conflict between interpersonal relationship is inevitable, but people shall reach compromise.

During this outbreak, the interpersonal conflicts appeared frequently. People should get along with each other moderately, and only by following common sense can we be generally accepted. This kind of survival wisdom needs to be updated and developed in today's society, which requires not only a rational relationship with others, but also an emotional connection.

Finally, human being has self-contradiction, but also needs reconciliation.

All parts of the country have been quarantined for varying lengths of time, and are still facing resistance to the pandemic after the quarantine is lifted. In this situation, how each person adjusts his/her physical-and-mental health becomes more critical. Of course, the mind and body should also be in harmony with each other, and self-exercise and body building during the quarantine period are also necessary.

In short, the pandemic will pass. The ancient Chinese always said that fortune and misfortune depend on each other, so how to turn misfortune into fortune depends on the wisdom of the unity of common sense, which can also bring new enlightenment to the transformation of global civilization, so as to cope with this global pandemic.

(This article was written at the invitation of International Center for Creativity and Sustainable Development under the auspices of UNESCO and posted on its official website)

(后附译文)

新冠肺炎大流行：中国传统生存智慧

刘悦笛

（中国社会科学院哲学所研究员）

新冠肺炎的大流行，不仅关系到每个人的命运，也将世界各国的民众推向了非常困难和不确定的境地。因此，它已成为从人类命运共同体到每个民族国家共同体所必须严肃对待的全球性问题。那么，中国民众如何以合理和明智的方式来战胜这场疫情流行呢？在这种情况下，中国人依靠传统的生存智慧来应对疫情。

首先，人与自然的关系可能有失和谐，但应该保持和谐共存。

古代中国人对待自然并不是完全顺从的，而且，与动物之间也保持着谨慎的距离。为了统领自然，就必须顺于自然，与自然共存并不是去人类化。人类应该主动地保护自然，但不是被动地让位于自然。

其次，人与社会的关系可能存在不和谐，但应保持和谐共享。

在应对新冠肺炎大流行的过程当中，需要每个人与社会之间的“合作”。这不仅意味着人与人之间的和谐共处，也意味着应对经验之交流与分享。每一种成功实现民主的生活方式，都需人们之间的接触、分享和互动。

再次，人际关系之间的冲突是不可避免的，但人们应该达成妥协共存。

在此次疫情的暴发期间，人际冲突频繁出现。人与人之间要适度相处，只有遵循常识，我们才能被彼此所普遍接受。这种生存智慧需要在当今社会中持续更新和拓展，这不仅需要建立与他人的理性关系，更需要巩固与他人的情感联结。

最后，人与自身亦有矛盾，但也需要和谐共生。

中国各地都历经了不同时间的隔离，解除隔离后仍继续面临对抗新冠肺炎流行的难题。在这种情况下，每个个人如何调整自己的身心健康就变得更为关键。当然，身心之间也要达到和谐，检疫期间的自我锻炼和修养身心亦是必要的。

简言之，新冠肺炎大流行终将过去。中国古人常说，福祸相依，所以，如何化祸为福，就取决于如何使用常识的统一性智慧。这也能给全球文明的转型带来新的启迪，从而来共同应对这场全球性的疫情大流行！

（本文应“联合国教科文组织国际创意与可持续发展中心”邀请所写并发布在其官网之上）

后记

给人类疫情，写本中国的书

我想给这场疫情，这场人类的疫情，写一本新书，一本中国的书。

在未出版之前，我原本想，这本该有中国智慧的书，如果能出的话，或许应该叫——《情理合一》吧。

疫情是情，情理也是情，但却是不同的情。疫情之情，是“实情”或“情实”，也就是实际的情况，大疫的真实情形。情理之情，则是“情感”或“情性”，不过要与“理”融合，形成中国人的“情理结构”。

中国人就使用这种“情理合一”的大智慧，正在应对这场新冠肺炎疫情。其实，还有其他的题目可供择取：往小处说，这本小书或许就叫作——《人类疫情与个体情理》；往大处讲，大概应叫作——《全球疫情与情理文明》吧。

情理最终落实在个体之上，那为何要提“个体情理”？因为起码在我看来，那种旧式的西方“个人主义”在应对疫情当中出了严重问题。从2020年2月底开始，从欧洲旧大陆到美国新大陆，都爆发了民众的抗议活动。他们的核心诉求就是“还我们自由”，但在这个“我们”的背后，隐藏的却是“我”。呼吁的主体，并不是集体性的“我们”，而是要还——个体性的“我”——以自由，背后的支撑仍是个人主义的。

正是从“个人主义”何去何从这个初步问题出发，我想到中国人的“情理合一”的生存智慧，是否也是一种合适的解决之道？因为中国如此应对疫情，并不是把个人自由置于社会和谐发展之上，但是作为另一极端的绝对集体主义也是不可取的，要走的是一种既合乎主观的人情又符合客观的理性的道路，我把这个返本开新的路径称之为——“情理文明”!

那么，中国人的“情理文明”该如何重构呢？这也正是我致力去做的事情，大家可以通过这本书来了解。我始终认为，这种“情理文明”并不是独属本土的，而具有全球普适性。来自西方的启蒙现代性所带来的理性主义、个人主义与功利主义的偏失，需要以“情理合一”的本土原则来加以新的积极应对。既然这场席卷全球的疫情，目前仅有南极洲没有疫情，几乎涉及各个人类生活区域，那么，就从中国到全球来重建这种“情理文明”吧。

写作这本书的最初的建议，来自中国图书评论学会一位智者，感谢启迪。2020年4月14日，我戴着口罩去评论学会评选“中国好书”的月榜，我们对疫情聊得很深，他就建议我说，干吗不写本书呢？但是考虑到作为一个身处书斋而不是救援现场的学者，这样做的话是不是与这个世界走得太近了？但后来又想到，这难道不就是遵循儒家之经世致用的传统吗？这难道不就是延承君子之自强不息的精神吗?

话要说回到2020年2月中旬，广西师范大学出版社凌金良编辑要给我做一次访谈。2月27日，访谈以《疫情访谈 | 刘悦笛：新冠肺炎，让国人走向情理文明》为题得以在他们的APP上发表，对人类疫情的思考从这时就已开启了。

3月5日，我参与了一次惊蛰视频发布，应联合国教科文组织国际创意与可持续发展中心邀约，与德国、英国、法国、加拿大同仁们一道，用小视频为武汉加油，当时我还说——我们风月同天。

3月29日晚7点，我应搜狐之邀做过一场直播："疫情之下，中国人的通'情'达'理'"。一场下来竟有54万多的热度，得到了社会的普遍关注，因为我主要讲的就是——我们如何"合情合理"地度过疫情？新的疫情让中国人走向新型"情理文明"!

4月25日，还写了一篇英文讲稿，在联合国教科文组织国际创意与可持续发展中心官网上发表，继续关注疫情，关怀人情，关心智慧。

出版方面最终是要致谢的，感谢编辑的辛勤工作。广西人民出版社原社长兼总编辑温六零是当年我在南开大学读博士的老师兄，一直说要合作一次，在他看到那次访谈后，就说到用这个架构完全可以出一本书！那次的访谈得到不少国内出版界老总们的积极反馈，感谢他们的盛赞，这也使得我更有勇气去完成这本小书。

最后一句话，后疫情时代，“大启蒙”将至，让我们共同走向——“情理文明”！

刘悦笛

2020年5月19日初稿完成于观云轩

2020年端午节定稿于斯文至乐堂